U0352748

农民网上新生活

王丰炜 编著

浙江工商大学出版社
ZHEJIANG GONGSHANG UNIVERSITY PRESS

图书在版编目(CIP)数据

农民网上新生活 / 王丰炜编著. —杭州：浙江工
商大学出版社，2013.10
ISBN 978-7-5178-0036-1

Ⅰ. ①农… Ⅱ. ①王… Ⅲ. ①互联网络－基本知识
②电子商务－基本知识 Ⅳ. ①TP393.4 ②F713.36

中国版本图书馆 CIP 数据核字(2013)第 243521 号

农民网上新生活

王丰炜 编著

责任编辑	杜功元　王黎明
责任校对	何小玲
封面设计	王妤驰
责任印制	汪　俊
出版发行	浙江工商大学出版社
	（杭州市教工路 198 号　邮政编码 310012）
	（E-mail:zjgsupress@163.com）
	（网址:http://www.zjgsupress.com）
	电话:0571-88904980,88831806(传真)
排　　版	杭州朝曦图文设计有限公司
印　　刷	杭州杭新印务有限公司
开　　本	850mm×1168mm　1/32
印　　张	4.25
字　　数	105 千
版 印 次	2013 年 10 月第 1 版　2013 年 10 月第 1 次印刷
书　　号	ISBN 978-7-5178-0036-1
定　　价	14.00 元

前言
FOREWORD

在当今社会，熟练地使用计算机已经是一项基本的技能，不会使用计算机者可以说是新时代的文盲。在城乡一体化的今天，对于生活在农村地区的朋友，也是如此。农民朋友或由于工作需要，或由于休闲娱乐，都要使用计算机。目前市场上计算机学习类的图书很多，可是适合农民朋友阅读的相对不多，专门针对农民朋友学习需要而出版的更少。基于以上原因，特精心编写此书。

本书从农民朋友的基本需求出发，由浅入深地安排章节。

第一章，农民网上新生活的准备。以"认识计算机"为切入点，指导农民朋友了解计算机，认识计算机，学会使用计算机，了解Windows 7操作系统，学会使用浏览器浏览网页，上网冲浪。

第二章，农民网上新生活的广阔天地。从七个不同的角度，较为详细地讲解农民朋友在网络上可以进行的活动。分别从农产品的生产、销售，知识的学习进修，网络理财，网上交友，了解生活信息，娱乐活动等方面介绍计算机的使用方法，帮助农民朋友享受网上新生活。

第三章，农民网上新生活的保障。从网络安全的威胁和对策、计算机上网的注意要点、Windows 7操作系统的安装、计算机一些常见故障的现象和排除等方面进一步深入学习计算机的安全使用。

本书在内容的安排上，由浅入深，较有层次地安排了计算机操作的各类知识,便于新手从最基础的内容学起,最终熟练掌握计算机的操作。

编写本书,虽未敢稍有疏失,但纰漏和不尽如人意之处在所难免,诚请读者指正。

王丰炜

2013 年教师节

目 录
CONTENTS

第一章　农民网上新生活的准备

在 21 世纪的今天,精通计算机操作,已经不再是城市人的专利。随着计算机技术的发展,计算机越来越普及,操作也越来越简化,对于广大的农民朋友来说,学会计算机操作也势在必行。本章主要介绍计算机的基础知识,如认识计算机和计算机的组成,如何正确地操作计算机等,为进一步学习做准备。

第一节　认识计算机

网络技术是由计算机技术和现代通讯技术两者相结合产生的,因此,我们要想去网络中冲浪,首先要有一台联网的计算机。

一、计算机的分类和选购

我们先来看看计算机的分类吧。按照计算机的性能和体积大小,一般把计算机分为巨型机、大型机、中型机、小型机和微型机,我们生活和工作中常用的就是最小的微型机。如图 1-1 所示。

图 1-1　常见的微型计算机

按照外观样式和用途的不同,又可以将微型计算机分为台式计算机、笔记本计算机和一体式计算机三种。

1. 台式计算机

台式计算机是我们最常见的计算机,适合在固定场所使用,在办公室和家庭中用得最多。

2. 笔记本计算机

笔记本计算机也是现在用户选择较多的类型,适宜经常需要外出并随时使用的用户。随着技术的成熟和价格的平民化,很多家庭和单位也选择了笔记本计算机。

3. 一体式计算机

一体式计算机是新兴的一种计算机类型,与台式计算机不同的是,一体式计算机把台式计算机机箱中的所有硬件设备都整合到了显示器中,这样节省了计算机机箱占据的较大空间。

以上三种计算机的样式各有特点和优势,选购的时候请考虑自己的需要,不过总体来说,不考虑体积的话还是台式计算机最实用。因为计算机中的元件工作时会产生很大热量,台式计算机的散热条件最好,所以最稳定。

二、计算机的组成

我们再来看看计算机的组成吧。计算机是由硬件部分和软件部分组成的。

1. 计算机硬件

大家会问,什么是计算机的硬件?我们把计算机中看得见、摸得着的设备叫作硬件。它是构成计算机系统的各种物质实体的总称,主要为软件提供运行环境,是计算机系统的物质基础,相当于人的躯体。从计算机的外观组成来看,一般分为计算机主机和外部设备。

（1）计算机主机

主机是计算机的主要组成部分。计算机中的所有信息都是由主机来管理的。在计算机的主机中，安装有主板、CPU、内存条、硬盘、显卡、声卡、光驱等设备。以下分别予以介绍。

A. 主板

主板是整个计算机的中枢，是 CPU、内存、显卡及各种扩展卡的载体。主板是否稳定关系着整个计算机运行是否稳定，主板的速度在一定程度上也制约着整机的速度。如图 1-2 所示。

图 1-2　主板

B. CPU

CPU 就是中央处理器，是一台计算机的运算中心和控制中心，是计算机的关键部位，相当于人的大脑。如图 1-3 所示。

图 1-3　CPU

C.内存条

内存条是连接 CPU 和其他设备的通道,起到缓冲和数据交换的作用,它只负责电脑数据的中转而不能永久保存。它的容量和处理速度直接决定了电脑数据传输的快慢。如图 1-4 所示。

图 1-4　内存条

D.硬盘

硬盘驱动器通常又称为硬盘,和软盘、光盘一样,硬盘是电脑的存储设备,我们存在电脑上的文件就是存在硬盘里的。和软盘不同的是,硬盘的存储部分和驱动器是装在一起的,而且它的读写速度快,容量也很大。如图 1-5 所示。

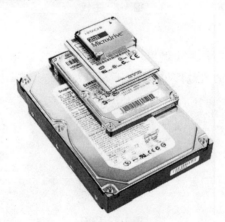

图 1-5　硬盘

E. 显卡

显卡的作用就是提供对图像数据的快速处理,显卡也是电脑的重要组成部件之一,而且是更新换代最快的一个部件。如图1-6所示。

图1-6 显卡

F. 声卡

声卡是多媒体电脑的核心部件,它的功能主要是处理声音信号并把信号传输给音箱或耳机等输出设备,使它们发出声音来。如图1-7所示。

图1-7 声卡

G. 光驱

光驱使用激光从 CD 或 DVD 读取(检索)数据;多数 CD 或

DVD驱动器还可以将数据写入(录制到)CD 或 DVD 上。如图1-8所示。

图 1-8　光驱

(2)外部设备

在主机箱外面的设备统称外部设备,我们一起来看一下常见的外部设备有哪些。

A. 显示器

显示器,顾名思义就是电脑的显示设备,和电视机原理差不多。它是我们和计算机进行对话交流的一个平台。LCD(液晶显示器)是当前计算机上使用的主流显示器。它的优点是体积小、辐射小且携带方便,被称为"绿色显示器"。如图 1-9 所示。

图 1-9　显示器

B. 鼠标

鼠标是一个指向并选择计算机屏幕上项目的小型设备。鼠标看起来有些像现实生活中的老鼠,它外形小,呈椭圆形。有线鼠标通过一根类似尾巴的长电线连接到计算机。如图 1-10 所示。

图 1-10　鼠标

C. 键盘

键盘主要用于向计算机键入文本。类似打字机上的键盘,它也具有字母键和数字键,但是它还有特殊键。如图 1-11 所示。

图 1-11　键盘

D. 音箱

音箱主要用于将计算机中多媒体的声音播放出来,有了音箱设备,我们可以通过计算机听音乐、看电影。如图 1-12 所示。

图 1-12　音箱

　　和计算机有关的外部设备还有很多,这里只是进行最基本的介绍,其他的如打印机、扫描仪、摄像头等,就不再一一介绍了,大家在使用时可以有针对性地了解一下。

　　2.计算机软件

　　光有计算机硬件还不能工作,还要有相关的计算机软件支持。计算机软件是指计算机系统中的程序及其文档。程序是计算任务的处理对象和对处理规则的描述;文档是便于操作者了解程序所需的阐明性资料。程序必须装入机器内部才能工作,文档一般是给人看的,不一定装入机器。软件的作用是发挥和扩大计算机的功能,相当于人的思想和灵魂。计算机软件一般可以分为系统软件和应用软件。

　　(1)系统软件

　　系统软件负责管理计算机系统中各种独立的硬件,使得它们可以协调工作。系统软件使计算机使用者和其他软件具有一个直观的工作平台,而不需要顾及底层每个硬件是如何工作的。

　　一般来讲,系统软件包括操作系统和一系列基本的工具(比如编译器、数据库管理、存储器格式化、文件系统管理、用户身份验证、驱动管理、网络连接等方面的工具）。目前，最常见的操作系统是微软公司开发的 Windows 系统，常用的版本有 Windows XP、Windows 7、Windows 8 等。如图 1-13 所示。

图 1-13　Windows 系统

（2）应用软件

应用软件是为某种特定的用途而开发的软件。它可以是一个特定的程序，比如一个图像浏览器；也可以是一组功能联系紧密，可以互相协作的程序的集合，比如微软的 Office 软件；也可以是一个由众多独立程序组成的庞大的软件系统，比如数据库管理系统；还可以是对计算机中的病毒进行查杀的工具，比如瑞星杀毒软件。

3.计算机硬件和软件的关系

一台完整的计算机必须具有硬件系统和软件系统，两者相辅相成，缺一不可。软件与硬件的发展是相互促进的，硬件性能的提高，可以为软件创造出更好的开发环境，在此基础上可以开发出功能更强的软件。

第二节　怎样使用计算机

我们在了解了计算机的组成后，接下来就要学习怎样使用计算机了。我们首先要学习计算机的启动和关闭、鼠标和键盘的使用等。

一、计算机的启动和关闭

我们要学会正确地启动和关闭计算机,如果操作不当,就可能会导致计算机硬件的损坏或是数据文件的丢失。正确地启动和关闭计算机能有效地延长计算机的使用寿命。

1.启动计算机

计算机的启动是一项非常简单的操作,但是必须严格按照正确的顺序来操作。正确的方法是先打开外部设备的电源,比如说显示器和打印机等,然后再打开计算机主机的电源。电源按钮的符号如图 1-14 所示。

图 1-14　电源按钮

计算机的启动是一个非常复杂的过程,但由于这个过程基本上都是由计算机自动完成的,所以一般来说我们并不需要了解这1 分钟左右的时间内计算机在做什么,只需按下计算机主机箱上的电源按钮,稍等片刻即可。

2.关闭计算机

关闭计算机和启动计算机的顺序刚好相反,应先关闭主机,再关闭外部设备。

在关闭计算机前,要确保关闭所有的应用程序,这样可以避免一些数据的丢失。以 Windows 7 为例,要打开关闭菜单,首先单击左下角的"开始"按钮,然后在弹出的开始菜单中选择"关机"或点击"关机"右边的小三角形,再选择"关机"或其他操作。如图1-15所示。

图 1-15　关闭计算机

二、鼠标的使用

鼠标是计算机中主要的操作设备,是我们指挥和控制计算机的重要工具。因此,我们只有学会鼠标的正确使用,才能熟练掌握计算机的其他操作技能。

1.鼠标的外形

鼠标通常包含三个按键,分别为鼠标左键、鼠标右键和鼠标滚轮。我们在使用鼠标控制计算机时,是通过移动鼠标并结合这三个按键来实施的。

2.鼠标的握法

鼠标的正确握法是:食指和中指自然地放在鼠标左键和右键上,拇指放在鼠标左侧,无名指和小指放在鼠标的右侧,拇指、无名指和小指轻轻握住鼠标,手掌心轻轻贴住鼠标背部区域,手腕自然放在桌面上,操作时带动鼠标做上、下、左、右移动,以定位鼠标指针。

3.鼠标的操作方法

(1)指向

指向又叫作移动操作。握住鼠标来回移动,鼠标指针会在屏幕上同步移动,即可将鼠标指针移动到所需的位置。指向操作常常用于对象的定位操作。当要对某一个对象进行操作时,必须先将鼠标指针定位到这个对象上。

(2)单击

单击是指将鼠标指针指向目标后,用食指按下鼠标左键,并快速松开左键的操作过程。这个操作常用于选择对象、打开菜单或执行命令。

(3)双击

双击是指将鼠标指针指向目标后,用食指快速、连续按鼠标左键两次的过程。双击操作常用于打开某个对象。

(4)右击

右击是指将鼠标指针指向目标后,按下鼠标右键并快速松开按键的过程。右击操作常用于打开目标的快捷菜单。

(5)拖动

拖动是指将鼠标指针指向目标,按住鼠标左键不放,然后移动鼠标指针到指定的位置后再松开左键。该操作常用于移动对象。

三、键盘的使用

键盘是计算机不可缺少的最基本的输入设备。人们利用键盘向计算机输入数据、程序、命令等。

1.键盘指法分区

正确的键盘指法是提高计算机信息输入速度的关键。键盘指法分区如图 1-16 所示,被分配在两手的 10 个手指上。操作者必须严格按照键盘指法分区规定的指法敲击键盘,每个手指应打所规定的那几个字符。如图 1-16 所示。

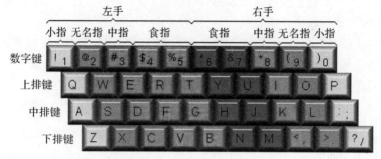

图 1-16　键盘指法分区

10 个手指所规定分管的字符键:

(1)左小指负责击打如下键:1,Q,A,Z,Shift

(2)左无名指负责击打如下键:2,W,S,X

(3)左中指负责击打如下键:3,E,D,C

(4)左食指负责击打如下键:4,R,F,V,5,T,G,B

(5)右食指负责击打如下键:6,Y,H,N,7,U,J,M

(6)右中指负责击打如下键:8,I,K,,

(7)右无名指负责击打如下键:9,O,L,.

(8)右小指负责击打如下键:0,P,;,/,Shift,Enter

(9)两个大拇指负责击打空格键

键盘中的 A,S,D,F,J,K,L,;共八个键是键盘的基准键,在打字准备时,可以把手指分布在基准键的相应键位上,它是手指在键盘上应保持的固定位置。

2.正确的指法

只有使用正确的姿势才能做到准确快速地输入。

(1)调整椅子的高度,使得前臂与键盘平行,前臂与后臂夹角略小于 90 度；上身保持笔直，与键盘相距约 20 厘米，并将全身重量置于椅子上。

（2）手指自然弯曲成弧形，指端的第一节关节与键盘成垂直角度，两手与两前臂成直线，手不要过于向里或向外弯曲。

（3）打字时，手腕悬起，手指指肚要轻轻放在字键的正中位置，两手拇指悬空放在空格键上。此时的手腕和手掌都不能触及键盘或计算机的任何部位。

3. 做到"击键"和"盲打"

"击键"是指手指要用"敲击"的方法去轻轻地击打字键，击键完毕立即缩回。

"盲打"是指在计算机上打字的时候不看键盘。盲打是打字员的基本要求，要想具有一定的打字速度，必须学会盲打。盲打要求打字的人对于键盘有很好的定位能力。练习盲打的最基本方法是记住键盘指法。

4. 练习时的注意事项

（1）坐的姿势要保持正确，腰要挺直。

（2）手指在击打键盘上的字符后，应回复到基准键的位置上。

第三节　Windows 7 操作系统

Windows 7 是由微软公司开发的操作系统，是目前家用计算机上使用最广泛的操作系统，学会正确使用 Windows 7 是学会熟练使用计算机的前提。

一、桌面

1. 什么是桌面

桌面就是我们一打开计算机后看到的一幅画面，Windows 7

的桌面布局和 Windows 的传统布局基本相同,不过无论在风格还是色调上,都更加美观漂亮了。如图 1-17 所示。

图 1-17 Windows 7 桌面

2. 桌面上的图标

桌面上的图标就是一些彩色的图形。Windows 7 的桌面图标包括系统图标和应用程序图标两大类。系统图标是安装好 Windows 7 系统后就有的那些图标,而应用程序图标是指在计算机中安装相关软件后所生成的图标。

3. 桌面背景

桌面背景是指桌面上显示的图片,我们可以把一张或多张图片设置为桌面背景,还可以设置图片显示位置、更改图片播放的时间间隔和顺序。

具体操作方法为,在桌面的空白处右击,在打开的快捷菜单中选择"个性化"命令,打开"个性化"窗口。单击窗口下方的"桌面背景"按钮。打开"桌面背景"窗口,如图 1-18 所示。单击"图片位置"右侧的"浏览"按钮,打开"浏览文件夹"对话框,如图 1-19 所

15

示。在对话框的列表中选择背景图片所在的位置。单击"确定"按钮，返回"桌面背景"窗口。选择要作为背景的图片，然后单击"全选"按钮。最后单击"保存修改"就完成了操作。如图 1-20 所示。

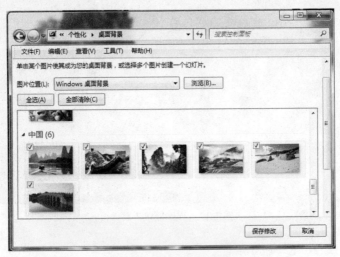

图 1-18　桌面背景设置 1

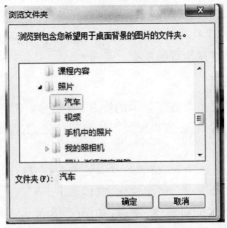

图 1-19　桌面背景设置 2

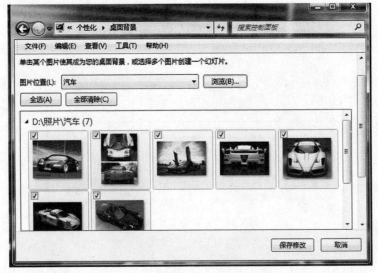

图 1-20　桌面背景设置 3

二、窗口

1.什么是窗口

Windows 系统又叫作"窗口"操作系统,意思是由一个个窗口所组成的操作系统,所以我们在 Windows 系统中所做的操作许多都是针对窗口的操作。

2.查看与预览窗口中的图标

打开系统窗口后,在窗口中会显示图标,这些图标也称为文件和文件夹。为了快速了解图标的内容,我们可以快速查看和预览窗口中的图标。

(1)查看窗口中的图标

打开窗口后,默认情况下,窗口中图标的显示方式为详细信息,我们可以通过改变图标的显示方式来方便地查看其中的内容。

单击窗口工具栏右侧的"更改您的视图"按钮,拖动列表中的滑块到"大图标"位置就可以了。如图 1-21 所示。

图 1-21　查看窗口中的图标

(2)预览图标内容

在窗口中还提供了预览功能,使用该功能可以在不启动程序的情况下预览文件内容或者预览图片。单击窗口工具栏中的"显示预览窗格"按钮,然后在图标列表中选择要预览的图标就可以了。如图 1-22 所示。

图 1-22　预览图标内容

3.切换活动窗口

在 Windows 7 中,可以同时打开多个窗口或运行多个程序,但一次只能对一个窗口进行操作,当前可操作的窗口被称为活动窗口。同时打开多个窗口后,要对某个窗口进行操作,必须先将该窗口切换为活动窗口。在 Windows 7 中,可以通过多种方法在各个窗口之间进行切换。

(1)单击窗口可见区域

窗口的可见区域是指屏幕上有多个窗口时,在屏幕上能够看到的窗口部分。当多个窗口出现在屏幕上时,单击要显示的窗口的部分区域就可以将该窗口切换为活动窗口了。

(2)使用切换面板

在 Windows 7 操作系统中使用"Alt"和"Tab"组合键进行切换时会发现,切换面板中会显示窗口所对应的缩略图,这样用户就可对要切换的内容一目了然。如图 1-23 所示。

图 1-23　窗口切换

(3)在任务栏中进行分类切换

当一个程序打开多个窗口后,可以单击任务栏上的窗口缩略图图标,在打开的当前程序面板中选择需要的窗口,就可以不用再与其他程序及窗口混合切换了。

(4)3D 效果的窗口切换

3D 效果的窗口切换是 Windows 7 特有的功能,使用该功能可以使窗口切换起来更立体和美观。

当使用"Win"和"Tab"组合键后,可看到立体的切换效果,所有窗口都以 3D 效果层叠显示,反复按"Tab"键可以让窗口从后向前滚动,松开"Tab"键就能切换到位于最前面的窗口。如图1-24所示。

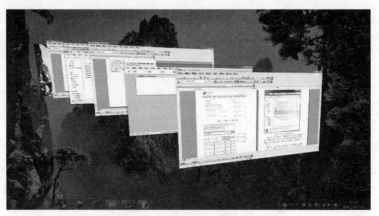

图 1-24　3D 效果的窗口切换

三、任务栏和"开始"菜单

任务栏和"开始"菜单是 Windows 7 桌面的重要组成部分,也是我们操作计算机的重要场所。

1. 任务栏

任务栏是 Windows 7 的重要操作区,我们在计算机上使用各种程序时,能够通过任务栏来切换、管理窗口,以及了解系统与程序的状态等。在以前的 Windows 版本中,任务栏的结构基本上是一成不变的,而在 Windows 7 操作系统中,任务栏不仅变得更加灵活,而且作用也更加多样化。

Windows 7 任务栏左侧显示了一些常用按钮,单击按钮就可以快速启动对应的程序,打开程序后以图标的形式显示在任务栏中,用户可使用图标对窗口进行还原到桌面、切换及关闭等操作。未启动的程序按钮和已运行的程序窗口图标的区别,如图1-25所示(右侧三个为已运行)。

图 1-25 任务栏中的图标

我们还可以根据使用需要来调整程序图标的顺序:在任务栏中选择要调整的图标,按住鼠标左键左右拖动就行。

2."开始"菜单

"开始"菜单是 Windows 7 桌面的一个重要组成部分,用户对计算机所进行的各种操作,基本上都可以通过"开始"菜单来完成,比如打开窗口、运行程序等。

单击任务栏左侧的"开始"按钮,就可以打开"开始"菜单了。"开始"菜单的外观样式如图 1-26 所示。

● "开始"按钮:位于任务栏最左侧,显示为 Windows 的标志,单击此按钮就可以打开"开始"菜单。

● 所有程序:单击"所有程序"选项,会打开所有程序列表,列表中包含了计算机中安装的所有程序,单击程序名称就可以启动程序。

● "搜索程序和文件"文本框:在该文本框中输入要搜索的程序或文件名称,可以在"开始"菜单中快速显示查找到的内容,单击就可以打开查找到的内容了。

● 常用程序列表:Windows 7 系统会根据用户使用软件的频率,自动将最常用的软件罗列在这里,单击就可以启动程序。

● 常用系统设置功能区域:主要显示一些 Windows 7 经常用到的系统功能。

● "关机"按钮:单击此按钮,可以直接关闭计算机。单击右侧的三角按钮,则可以在打开的列表中选择"切换用户""注销""锁定""重新启动""睡眠"选项。

图 1-26 "开始"菜单

四、其他设置

Windows 7 系统为我们提供了许多系统设置组件，可以根据自己的需要，设置适合自己的系统风格，如设置计算机的日期和时间、设置屏幕的分辨率等。

1. 查看和设置计算机的日期和时间

（1）查看计算机的日期和时间

在 Windows 7 任务栏右侧的通知区域中，显示了当前系统的日期和时间，将鼠标指针指向时间区域后，在弹出的浮动框中还可以显示出星期。如图 1-27 所示。

图 1-27　查看日期和时间

（2）更改系统日期和时间

如果当前系统的日期和时间出现了误差，或是某些特殊情况下需要修改时间，我们可以这样设置：单击任务栏右下角的时间区域，点击"更改日期和时间设置"链接，打开"日期和时间"对话框，单击"更改日期和时间"按钮，打开"日期和时间设置"对话框。如图 1-28 所示。

图 1-28　日期和时间设置

选择需要的日期后,再设置需要的时间,单击"确定"按钮,完成设置。

2.设置屏幕的分辨率

屏幕分辨率是指屏幕上的图像的精度,显示器的分辨率越高,画面就越清晰。

在桌面的空白处右击,选择快捷菜单中的"屏幕分辨率"命令,打开"屏幕分辨率"窗口。单击"分辨率"后的按钮,在打开的列表中拖动滑块调整需要的分辨率。单击"确定"按钮,完成设置。如图 1-29 所示。

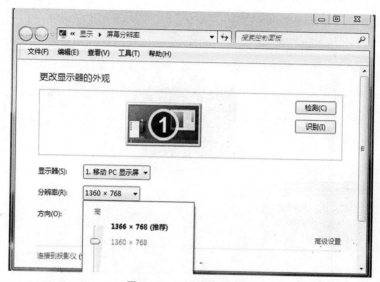

图 1-29 设置屏幕分辨率

3.设置屏幕保护程序

屏幕保护程序是为了保护显示器而设计的一种专门程序,设计的初衷是防止计算机因无人操作而使显示器长时间显示同一个画面,导致显示器寿命缩短。另外,虽然屏幕保护不是专门为省电而设计的,但一般的屏幕保护程序都比较暗,有一定的省电作用。

在桌面的空白处右击,打开"个性化"窗口,单击"个性化"窗口下方的"屏幕保护程序"按钮,打开"屏幕保护程序设置"对话框。在"屏幕保护程序"列表中选择相应的样式,然后设置屏幕保护程序的等待时间,最后单击"确定"按钮,完成设置。如图1-30所示。

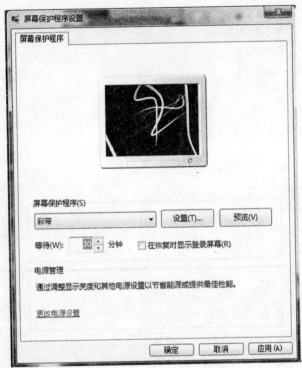

图 1-30   屏幕保护程序的设置

五、文件和文件夹的管理

文件和文件夹是计算机中两个重要的对象,对计算机中的资源进行管理操作,其实就是对文件及文件夹进行管理操作。在对它们进行操作之前,我们首先来认识一下文件和文件夹。

1. 认识计算机中的文件

计算机中的所有信息,如文档、数据等都是以文件的形式存放在计算机中的。计算机中包含的数据和信息种类繁多,所以我们打开计算机后,就可以看到各种不同的文件。计算机中每个文件都有各自的文件名,并且不同类型数据所对应的文件类型也有所不同。

(1)文件名

在 Windows 7 系统中,每个文件都有着各自的文件名,系统也是依据文件名对文件进行管理的。完整的文件名由文件名称和扩展名组成,中间用一个".""隔开,其中文件名用于识别该文件,扩展名则用于定义不同的文件类型。在计算机中,每一个文件都有一个图标和一个文件名。

(2)文件类型

文件类型是根据扩展名来分类的,不同类型的数据所对应的文件类型是不同的。计算机中的文件种类繁多,我们在学习使用计算机时,必须对常见的文件类型有初步的了解,从而在查看文件时,通过扩展名就可以大致判断出文件类型,以及打开文件需要的程序。以下是常见文件类型和扩展名。

表 1-1　文件及扩展名

扩展名	含义	扩展名	含义
AVI	视频文件	JPG	JPEG 图像压缩文件
EXE	应用程序文件	BMP	位图文件
MID	MIDI 音乐文件	TXT	文本文件
COM	应用程序	WAV	声音文件
HLP	帮助文件	HTM	网页文件
XLS	EXCEL 表格文件	DOC	WORD 文档文件
RAR	RAR 压缩文件	ZIP	ZIP 压缩文件

2.认识计算机中的文件夹

计算机中存储了数量庞大且种类繁多的文件,存放杂乱无序会给我们的管理带来很大的麻烦,这里就可以使用文件夹来对计算机中的文件进行分类存放管理,以方便将来查找和使用。同时,在使用计算机的过程中,用户也可以将自己创建的文件分类存放在不同的文件夹中,管理起来更加方便。比如创建一个"电影"文件夹,专门保存电影文件;创建一个"音乐"文件夹,专门用来保存音乐文件。

在 Windows 7 中,文件夹的图标为一个黄色的文件夹样式,并且每个文件夹都有各自的名称。另外,在 Windows 7 中,空文件夹和存放了不同类型文件的文件夹的图标样式也有所不同。如图 1-31 所示(图中"新建文件夹"为空文件夹)。

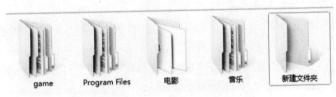

图 1-31　文件夹图标

3.文件或文件夹的操作

在计算机中,几乎所有的信息都是以文件的形式进行保存的,所以我们要想操作好计算机就必须学会对计算机中的文件或文件夹进行操作。常见的操作有选择文件或文件夹、新建文件或文件夹、移动和复制文件或文件夹,以及删除文件或文件夹。

(1)选择文件或文件夹

在对文件或文件夹进行管理操作时,首先要选中被操作对象,选择对象时先要确定选择范围,包括单个对象、连续的多个对象、不连续的多个对象和全部对象。

A.选择单个文件或文件夹

如果要对某个文件或文件夹进行选择,只需要将鼠标指针放在要选择的文件或文件夹图标上单击就可以了。比如图1-31中的

"新建文件夹"。

B. 选择连续的文件或文件夹

在窗口中，按住鼠标左键拖动，拖动范围中的文件或文件夹就全部选中了。如图 1-32 所示。

图 1-32　选择连续的文件或文件夹

还有一个方法是在目标窗口中单击要连续选择的第一个文件或文件夹，然后按住键盘上的"Shift"键不放，单击最后一个文件或文件夹，就能选中从第一个文件或文件夹到最后一个文件或文件夹之间的所有对象。

C. 选择不连续的文件或文件夹

选择一个文件或文件夹后，按住键盘上的"Ctrl"键，再单击其他的文件或文件夹，就能选中不连续的文件或文件夹。如图 1-33 所示。

图 1-33　选择不连续的文件或文件夹

D. 选择全部文件或文件夹

按住键盘上的"Ctrl"和"A"组合键，可以选中当前窗口中的全部文件和文件夹。或者单击工具栏中的"组织"按钮，在打开的菜单中选择"全选"命令也可以实现。如图 1-34 所示。

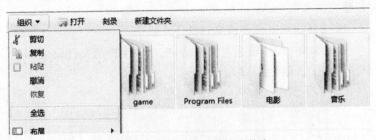

图 1-34　选择全部文件或文件夹

（2）新建文件或文件夹

文件夹用于分类存放文件，用户在管理文件的过程中，可以根据需要新建文件夹，然后将不同种类的文件分别拖到不同的文件夹中。选择目标盘，单击工具栏中的"新建文件夹"按钮。如图1-35所示。

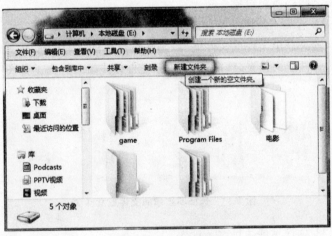

图 1-35　新建文件夹

新建文件夹后，在文件夹上右击，打开快捷菜单，选择"重命名"命令，输入新的名称就可以了。

在文件夹中,我们可以创建新的文件。在窗口空白处右击,打开快捷菜单,选择"新建"命令,在下级菜单中选择"文本文档"命令,就新建好了一个 TXT 文件。在文件名称处于可编辑状态时,输入新的名称就好了。

（3）移动文件或文件夹

移动文件或文件夹是指将文件或文件夹从一个位置移动到另一个位置,多用于文件的转移。在窗口中选择要移动的文件或文件夹后,单击工具栏中的"组织"按钮。在打开的菜单中选择"剪切"命令。选择目标位置后,单击工具栏中的"组织"按钮。在打开的菜单中选择"粘贴"命令。如图 1-36 所示。

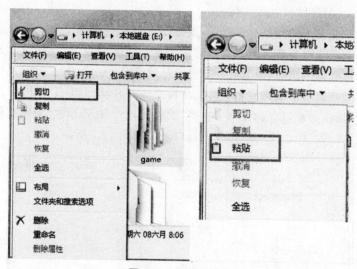

图 1-36　移动文件夹

我们还可以用键盘上的组合键来完成移动操作,选择要移动的文件或文件夹,按下"Ctrl"和"X"组合键进行剪切,选择目标位置后按下"Ctrl"和"V"组合键进行粘贴,也可以将选中的文件或文件夹移动到目标位置。

（4）复制文件或文件夹

复制文件或文件夹是指将文件或文件夹复制到其他位置，多用于文件的备份。在窗口中选择要复制的文件或文件夹后，右击打开快捷菜单，选择"复制"命令，选择目标位置后，在空白处右击打开快捷菜单，选择"粘贴"命令。

和移动操作一样，复制操作也可以用键盘上的组合键完成。我们还可以用键盘上的组合键来完成移动操作，选择要复制的文件或文件夹，按下"Ctrl"和"C"组合键进行复制，选择目标位置后按下"Ctrl"和"V"组合键进行粘贴，也可以将选中的文件或文件夹复制到目标位置。

（5）删除文件或文件夹

在使用计算机的过程中，及时清理计算机中的无用文件或文件夹是非常有必要的。对于无用的文件或文件夹，可以随时将其从计算机中删除，以节省计算机的存储空间。

在窗口中选择要删除的文件或文件夹后，单击工具栏中的"组织"按钮。在打开的菜单中选择"删除"命令。在弹出的"删除文件夹"对话框中单击"是"按钮就可以了。如图 1-37 所示。

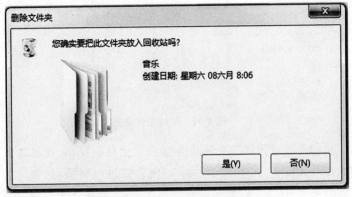

图 1-37　将文件夹放入回收站

将文件或文件夹删除后,它们并没有从计算机中彻底删除,而是保存在回收站中。对于误删的文件,可以通过回收站来恢复。在回收站中选择要还原的目标,单击工具栏中的"还原此项目"按钮就行了。

随着时间的增长,放入回收站中的文件会越来越多。回收站中的文件,依旧会占据磁盘空间,因此,我们需要定期将回收站中的文件从计算机中彻底删除,也就是清空回收站。双击桌面上的回收站图标打开回收站,单击工具栏中的"清空回收站"按钮,如图1-38所示。在弹出的对话框中单击"是"按钮就可以了。

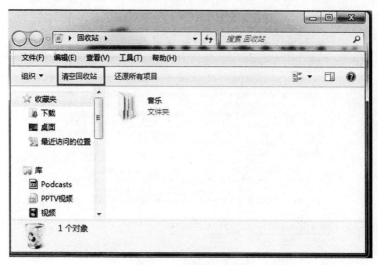

图1-38 清空回收站

六、添加和删除程序

Windows 7 操作系统只是我们使用计算机的操作平台,由于不同的用户对软件有着不同的使用要求,因此我们要结合自己的需要,在计算机中安装用于实现各种用途的软件,也可以根据需要删除不再使用的软件。

1. 添加程序

在取得了软件的安装文件后，就可以在计算机中安装了，不同的软件在安装中可能存在一定的差别，但大致方法是一样的。首先运行安装程序，其间会要求用户接受许可协议、选择安装位置、设置安装选项，部分软件还需要输入相应的序列号（密钥）。下面以安装最为常见的腾讯 QQ 聊天软件为例进行介绍。

第一步，双击安装文件开始安装，仔细阅读软件许可协议和青少年上网安全指引，并在"我已阅读并同意软件许可协议和青少年上网安全指引"前打钩，如图 1-39 所示，再点击"下一步"。

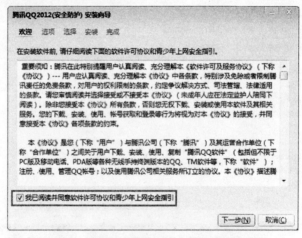

图 1-39　软件许可协议和青少年上网安全指引

第二步，在"自定义安装选项"中，系统默认分别把"安装 QQ 工具栏及中文搜搜""安装 QQ 音乐播放器""安装腾讯视频播放器""独享 QQ 等级双倍加速 安装 QQ 电脑管家＋金山毒霸套装免费获得"都打上了钩。我们平时用不着把这些都安装上，笔者个人经验这些都不要安装，只把下面"快捷方式选项"中的"桌面"打上钩，再点击"下一步"即可。如图 1-40 所示。

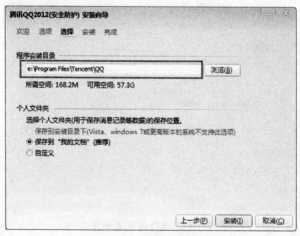

图 1-40　安装向导 1

　　第三步，选择 QQ 的安装目录，确定其在计算机中的安装位置，如图 1-41 所示。如果不满意现在的安装位置，我们可以点击"浏览"按钮，重新选择安装目录。

图 1-41　安装向导 2

第四步,点击"安装"按钮开始安装。安装过程是自动的,如图 1-42 所示。

图 1-42　QQ 自动安装过程

第五步,选择软件的更新方式,可以选择"有更新时自动为我安装",这样比较省心,如图 1-43 所示。完成后点击"下一步"。

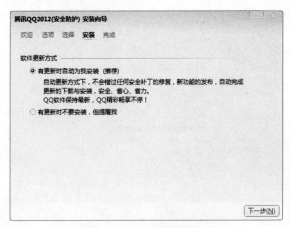

图 1-43　选择软件更新方式

第六步,也是最后一步,安装完成。这里要注意有几个选择,"开机时自动启动腾讯 QQ2012(安全防护)""立即运行腾讯QQ2012(安全防护)""设置腾讯网为主页""显示新特性"。这里主要看个人需要来选择,选好之后点击"完成"。如图 1-44 所示。

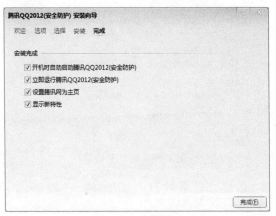

图 1-44　安装完成

2. 删除程序

　　使用计算机的过程中,会根据需要安装各种各样的软件,但安装了太多的软件后,不但占用了存储空间,而且会影响到计算机的运行速度。因此需要定期对计算机中的软件进行清理,将不需要的软件卸载。具体过程如下:

　　第一步,进入"开始"菜单,点击"控制面板"。如图 1-45 所示。

图 1-45　打开控制面板

第二步，点击"程序"，然后点击"程序和功能"。如图 1-46
所示。

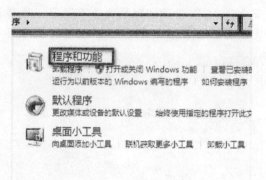

图 1-46　程序和功能

第三步，选择自己要卸载的程序，点击"卸载/更改"。如图
1-47所示。

卸载或更改程序

若要卸载程序，请从列表中将其选中，然后单击"卸载"、"更改"或

组织 ▾	卸载/更改	
名称		发布者
Adobe Flash Player 10 ActiveX		Adobe
Adobe Flash Player 10 Plugin		Adobe
Cisco AnyConnect VPN Client		Cisco S
Dropbox		
Fetion 2008		China N
Intel(R) Graphics Media Accelerator Driver		Intel Co
Intel(R) TV Wizard		Intel Co
Microsoft Office Enterprise 2007		Micros
Microsoft Office Professional Plus 2007		Micros
Microsoft Silverlight		Micros

图 1-47　选择卸载程序

第四步，在弹出的对话框中选择"是"，就可以进行自动卸载了。

很多软件都自带了卸载程序，当安装软件后，在"开始"菜单的程序目录中会显示卸载程序。运行卸载程序就可以方便地将软件卸载。图中以卸载已经安装的暴风影音为例，介绍软件的卸载方法。打开"开始"菜单的"所有程序"列表，选择要卸载的软件所在的文件夹。单击软件所在文件夹下的卸载命令，打开"卸载向导"对话框，根据提示确认卸载程序就可以了。如图 1-48 所示。

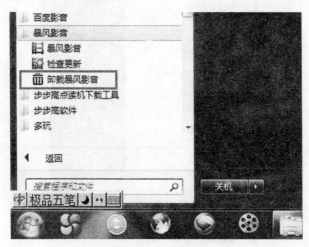

图 1-48　卸载程序

第四节　互联网和浏览器

互联网是一个非常精彩的世界，在互联网上有非常丰富的信息资源，有许多的信息对我们来说是很有用的。但这些信息都是通过网页的形式发布的，为了及时获得这些信息来为我们服务，我们必须学会使用浏览网页的工具——浏览器。

一、启动浏览器

单击"开始"按钮,在打开的"开始"菜单中单击"程序",再选择"Internet Explorer"(IE浏览器)点击打开。如图1-49所示。

图1-49 "开始"菜单中的IE图标

二、认识IE界面

为了让读者看得更清楚,现在说明一下图1-50中的各个内容。

● 地址栏按钮:显示当前正在访问的网址,同时可以在这里输入新地址,按下回车键就可以打开。地址栏右侧的"刷新"按钮和"停止"按钮分别用来进行重新载入当前页面和停止页面载入的操作。

图 1-50 IE 的界面

● 工具栏：显示了一些浏览网页时的常用工具。

● 前进/后退按钮：利用这两个按钮可以在打开过的多个网页之间切换。单击按钮右侧的三角箭头，在弹出的浏览历史菜单中可选择需要切换到的网页。

● 收藏夹：显示了收藏夹的内容，同时还可以显示打开网页的历史记录。

● 收藏夹栏：链接工具栏，直接单击其中的按钮就可以打开相关的网页。

● 快速导航按钮：单击此按钮后，当前打开的所有选项卡都会以缩略图的形式显示出来，方便从多个已打开的网页中找到需要的网页。

● 状态栏：此处可以显示和当前网页有关的信息。

● 搜索框：如果需要搜索资源，可以直接将关键字输入搜索框中，按下回车键后将打开默认的搜索引擎进行搜索。

● 新建选项卡按钮：单击这个按钮可以新建一个选项卡。

● 缩放按钮：该按钮可以将网页放大或者缩小显示。

三、使用 IE 来浏览网页

我们可以通过在地址栏中输入网址的方法来打开对应的网站。如图 1-51 所示。

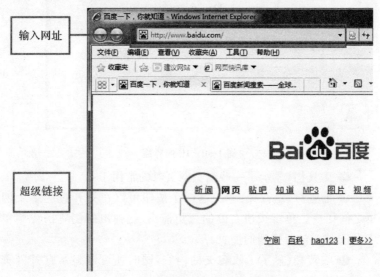

图 1-51　在地址栏中输入网址打开网页

我们在输入相应的网址后按下回车键就能打开对应的网站。有时，在打开的网页上，有一些文字或图片，当我们把鼠标放在上面的时候，鼠标指针形状会变成🖑形，这说明这里是一个超级链接，只要用鼠标点击这个超级链接，就能打开它所指向的一个新的网页。

四、方便操作的小窍门

对于一些不是经常使用计算机的人来说，要记住许多的网址是不可能的,如果我们忘记了前几天上过的那个网站该怎么办呢?在 IE 中有一个历史记录的功能可以帮助我们,在历史记录中保存了用户访问过的网址,通过历史记录可以重新打开那个网页。此外,还有以下这样几个方法:一种是通过"前进/后退"按钮边上的向下的箭头来访问,如图 1-52 所示。

图 1-52　历史记录

另一种方法是单击地址栏右侧的下拉列表按钮,在弹出的下拉列表中选择网址,如图 1-53 所示。

图 1-53　地址栏下拉列表

还有一种方法是单击"收藏夹"按钮，打开"历史记录"列表框，选择一种合适的查看方式，可以很快找到需要的网址，如图1-54所示。

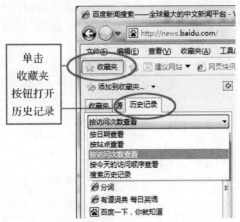

图 1-54　通过收藏夹打开历史记录

我们的读者中有的年龄比较大，网页上的字很小看不清楚，我们可以改变网页的大小，把网页放大。把鼠标移动到IE窗口的右下角上，单击"更改缩放级别"按钮，网页就会放大25％，如果觉得放大的倍数不够的话，可以单击"更改缩放级别"右边的三角按钮，在弹出的菜单中指定放大的倍数，如图1-55所示。

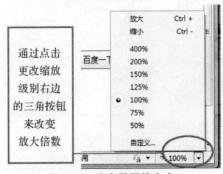

图 1-55　改变网页的大小

第二章　农民网上新生活的广阔天地

如今,网络技术在悄然改变人们的生活和消费方式的同时,正有力地促进传统产业升级换代,同时大大加速经济全球化的进程。随着计算机技术的发展,农业进入信息时代,计算机网络作为促进农业信息资源共享的重要手段在农业生产中的作用越来越大。本章主要讲述计算机网络为我们农村生活带来的变化。

第一节　网上种植养殖新生活

对于广大的农民朋友来说,关于种植和养殖最大的困难在于不能及时得到有用的信息,比如种什么、怎么种、收了卖给谁等(养殖也是一样的)。这些信息的收集与管理机构往往集中在一些大城市或推广中心,这些机构利用其特有的影响力和与其他组织的合作,积累了大量的信息。随着因特网的发展,这些信息可以方便地为广大农民所使用。

对于大部分农户来说,可以通过一些农业网站来了解自己需要的种植和养殖信息,用来指导自己的农业生产。国内的农业网站有很多,怎样选择一个或几个好的网站为我们所用很关键。笔者认为可以把政府部门主管的农业网站放在首位。比如中国农业信息网、浙江农业信息网、中国农业网等。下面我们以浙江农业信息网举例,来看看这些农业网站能为我们提供哪些有用的信息。

前面我们讲到过通过历史记录可以帮助我们找到已经打开过的网页,如果有一个网页我们天天都要用到可不可以把它放在第一个呢?答案是可以的,这就是主页。浏览器的默认主页是空白页。我们可以这样来设置主页:通过浏览器的地址栏打开需要设置为主页的网页,然后单击"主页"按钮右侧的三角形按钮,在弹出的菜单中选择"添加或更改主页"选项。如图 1-56 所示。

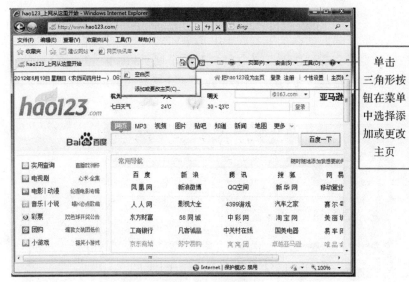

单击三角形按钮在菜单中选择添加或更改主页

图 1-56　设置主页

在被打开的"添加或更改主页"对话框中,选中"将此网页添加到主页选项卡"选项,单击"是"按钮,再次启动浏览器时会自动打开已经设置的主页。如图 1-57 所示。

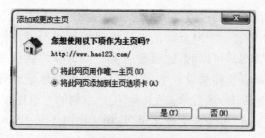

图 1-57 设置添加或更改主页选项卡

以上我们设置了单个选项卡主页,有时我们需要设置多个选项卡主页。首先在浏览器窗口打开多个网页,再单击"主页"按钮右侧的三角形按钮,在弹出的下拉菜单中选择"添加或更改主页"。如图 1-58 所示。

选择
添加或
更改主页

图 1-58 设置多个选项卡主页

在打开的"添加或更改主页"对话框中选中"使用当前选项卡集作为主页",单击"是"按钮即可,如图 1-59 所示。再次启动浏览器时会在不同的选项卡中打开多个主页。

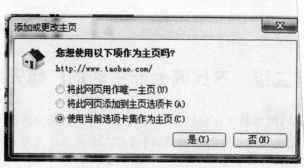

图 1-59 设置多个选项卡主页

IE 的窗口非常简洁,连我们常见的菜单栏都没有被显来,如果已经习惯了菜单栏的话,可以通过单击"工具"按钮"工具栏",点击"菜单栏"选项,即可在浏览器的上方显示菜如图 1-60 所示。

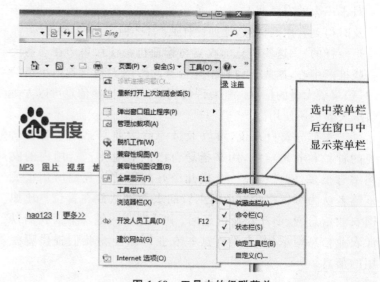

选中菜单栏
后在窗口中
显示菜单栏

图 1-60 工具中的级联菜单

一、网站首页

"浙江农业信息网"是浙江省农业厅主办的,在浙江省内有比较高的权威性。我们可以通过在地址栏输入该网站的域名"www.zjagri.gov.cn"打开它。如图2-1所示。

图2-1　浙江农业信息网首页

首页中有好多子页面,如浙江农业、信息公开、政务信息、网上办事、农业论坛、子网导航。还有好多栏目,如文件公告、各地信息、全省公用模块、网上学堂等。下面就部分栏目进行简要介绍。

二、栏目介绍

1.文件公告

我们点击首页中的"文件公告"栏目,打开后可以看到非常详细的有关我省农业方面的各种文件和政府工作通知、通告,有助于我们了解和把握各种政策。如图2-2所示。

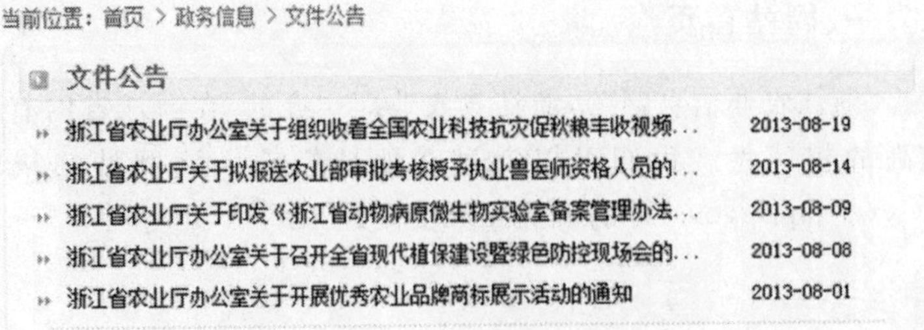

当前位置：首页 ＞ 政务信息 ＞ 文件公告

📄 文件公告

▸▸ 浙江省农业厅办公室关于组织收看全国农业科技抗灾促秋粮丰收视频…　　2013-08-19
▸▸ 浙江省农业厅关于拟报送农业部审批考核授予执业兽医师资格人员的…　　2013-08-14
▸▸ 浙江省农业厅关于印发《浙江省动物病原微生物实验室备案管理办法…　　2013-08-09
▸▸ 浙江省农业厅办公室关于召开全省现代植保建设暨绿色防控现场会的…　　2013-08-08
▸▸ 浙江省农业厅办公室关于开展优秀农业品牌商标展示活动的通知　　　　2013-08-01

图 2-2　文件公告

2.各地信息

我们点击首页中的"各地信息"栏目，打开后可以看到来自全省各地的农业生产信息。如图 2-3 所示。

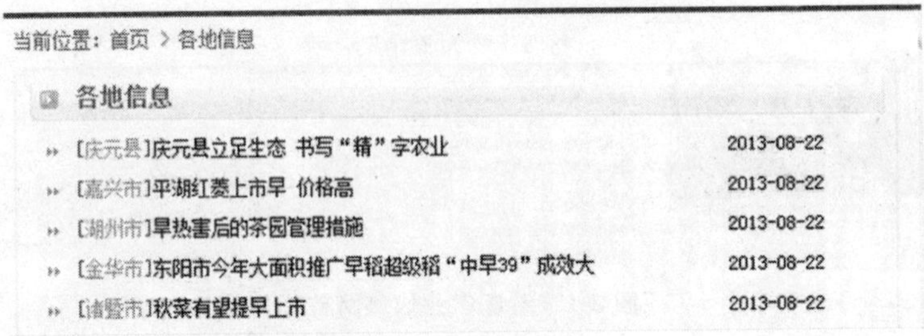

当前位置：首页 ＞ 各地信息

📄 各地信息

▸▸ [庆元县]庆元县立足生态 书写"精"字农业　　　　　　　　　　　2013-08-22
▸▸ [嘉兴市]平湖红菱上市早 价格高　　　　　　　　　　　　　　　　2013-08-22
▸▸ [湖州市]旱热害后的茶园管理措施　　　　　　　　　　　　　　　　2013-08-22
▸▸ [金华市]东阳市今年大面积推广早稻超级稻"中早39"成效大　　　　2013-08-22
▸▸ [诸暨市]秋菜有望提早上市　　　　　　　　　　　　　　　　　　　2013-08-22

图 2-3　各地信息

3.全省公用模块

本人认为这个网站对我们帮助最大的就是这个模块，这里包含了许多对我们来说十分有用的信息。如图 2-4 所示。下面就相关内容进行简要介绍。

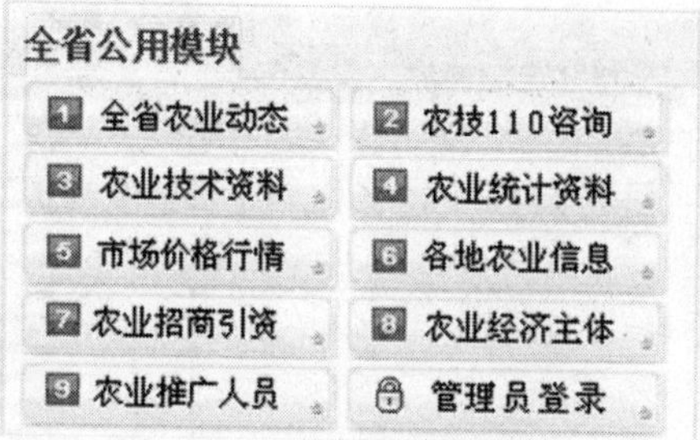
全省公用模块
1 全省农业动态
2 农技110咨询
3 农业技术资料
4 农业统计资料
5 市场价格行情
6 各地农业信息
7 农业招商引资
8 农业经济主体
9 农业推广人员
管理员登录

图 2-4　全省公用模块

(1)农技 110 咨询

当我们点击"农技 110 咨询"栏目，打开后可以看到名为"咨询列表"的页面，内容是咨询人向专家提出的有关农业生产方面的问题，按照咨询日期从早到晚排列，最新的在最前面。如图 2-5 所示。

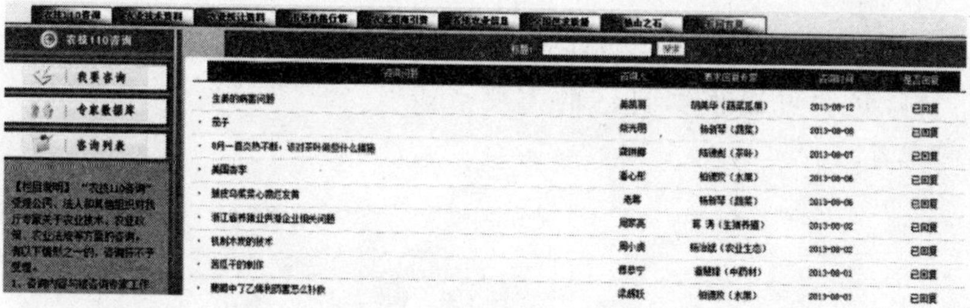
农技110咨询
我要咨询
专家数据库
咨询列表

图 2-5　农技 110 咨询

可见有了计算机网络，我们农民就等于把专家请到了身边，可以随时提出遇到的问题，及时地解决。如果我们遇到了问题，就点击"我要咨询"按钮，即可向有关专家咨询。

(2)市场价格行情

点击"市场价格行情"按钮，打开如图 2-6 所示页面。我们可以看到全省不同地区的各种不同的农产品价格。

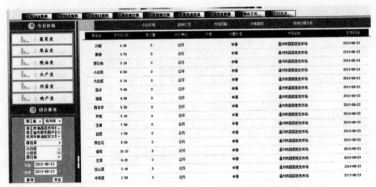

图 2-6　市场价格行情

4. 网上学堂

点击"网上学堂"按钮,打开如图 2-7 所示页面。网上影视中的许多农业生产视频文件是农民朋友可以学习的好东西,包含了许多科技兴农的资料,我们可以根据自己的需要点击观看。

网上学堂

○　网 上 影 视

> 农机农资　　> 粮食作物
> 水果种植　　> 蚕桑茶叶
> 蔬菜栽培　　> 花卉栽培
> 经济作物　　> 加工处理
> 绿色产品　　> 农业规划
> 林业技术　　> 畜禽养殖
> 各地农业　　> 特种动物
> 水产养殖　　> 生态环保
> 农村能源　　> 综合水利
> 现代园区

《浙江通志·农业卷》专栏

廉政建设学习

党风廉政知识测试

图 2-7　网上学堂

第二节 网上销售农产品新生活

这是一条来自民发发农业网的消息:何飞杰是陕西科技大学的一名大三学生,"不务正业"的他利用业余时间通过网络为老家的乡亲销售出红富士苹果 300 多吨,实现销售额 240 万元! 既实现了帮助家乡父老致富的初衷,也在经济上实现了自立,更重要的是,他通过实践,摸索出一条自己未来的创业之路。现在,我们也来学习如何在网上销售农产品。

一、网上销售方式

1. 批发销售

我国各地方政府都建立了本地的农业信息网,从农业部到各地方也都开通了网上展厅,用多种文字展示各地名优特新农产品,有很多地方利用网络平台进行了网络营销的尝试,均取得了很好的效果。

有许多农业网站都提供了农产品的供求信息,比如上一节介绍的浙江农业信息网,还有就是前面提到的民发发农业网,这类网站有很多。

2. 零售销售

网上零售销售是指依靠淘宝网等电子商务网站,在网上寻找买家进行销售。

二、淘宝开店

下面我们来学习一下怎样在淘宝网上开一家店。

1. 在淘宝网注册自己的账户

首先,我们进入淘宝网的首页(www.taobao.com),打开这个网站后,点"免费注册"。如图 2-8 所示。

图 2-8 淘宝网注册

可以选择手机号码注册或邮箱注册，我们一般选择"邮箱注册"，填好一切资料，点击"同意协议并提交注册信息"，没有意外的话网站会提示注册成功，如图 2-9 所示。接下来就是进入你自己的邮箱中，收取淘宝网确认邮件。点击确认链接，激活账号，开网店的第一步就完成了。

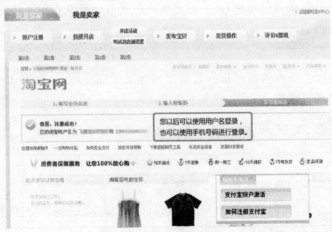

图 2-9 淘宝网注册成功

2.进行支付宝实名认证

在淘宝网上开店,需要做哪些工作?第一步我们已经成功注册了淘宝网账户,接下来我们就要进行支付宝实名认证,这是必需的一步。点击"我的淘宝"后,你可以看到"卖宝贝请先实名认证"的提示,点击它,然后根据提示操作即可。支付宝就相当于淘宝网用户的钱袋子,也是保证双方正常诚信交易的基础。支付宝实名认证,就是确认你的真实身份。这个认证从一定程度上提高了网上开店的复杂度,但很大程度上提高了整个淘宝网交易的安全性。过去实名认证一定要上传身份证等待淘宝网人工验证,现在淘宝网已经跟全国各家银行合作,只要你有一些实名登记的银行卡,淘宝网就可以通过银行系统认证你的身份,比以前方便多了。

3.淘宝网申请开店

依次进入"我的淘宝""我是卖家",找到"我要开店"按钮。点击这个按钮后根据提示输入必要的信息,比如店铺的名字等,然后确认提交就可以了。完成后你就拥有了一家你自己的淘宝网网店了。如图 2-10 所示。

图 2-10　淘宝网开店成功

4.认识淘宝网用户界面

点击"我的淘宝",就会进入淘宝网用户界面,在这里,可以了解你买卖的情况、资金情况、是否发货,可以说,了解这个界面,是走向成功淘宝网店家的重要一步。

5.安装阿里旺旺

在淘宝网上做生意,和买家沟通不是通过 QQ、手机或者其他方法,而是阿里旺旺。阿里旺旺是淘宝网卖家和买家沟通的法宝,有很多卖家功能集成在里面,非常实用。在以后的买卖过程中,若与买家有任何的纠纷,阿里旺旺的聊天记录是处理纠纷的最最重要的证据。请注意,淘宝网官方是不承认 QQ 聊天记录的,所以阿里旺旺是无可替代的。(阿里旺旺的下载和安装请参照前面介绍的 QQ 安装过程。)

6.免费开店准备

完成了以上申请与验证工作后,你现在只要上传 10 件物品就可以免费开店了。进入页面,用 ID 登录后,点击页面上"我要卖"→"一口价"便可以上传了,成功上传 10 件物品后,点击"我的淘宝"→"免费开店"即可创建自己的店铺。

7.构建店铺框架

点击"免费开店"后,我们会进入"我的店铺管理"的"基本设置"页面(也可以在点击"免费开店"后通过点击"我的淘宝"→"管理我的店铺"→"基本设置"进入),我们可以给我们的店铺想一个个性、新奇或者让别人一看就知道你卖什么的店铺名。在"店铺类别"里面选择你想要卖物品类型的大分类,在"主营项目"里面填具体的小类型,同时我们也可以在"店铺介绍"里面大致介绍下你的小店,让买家看到后对你的店铺感兴趣,可以提高买卖的成交率。再后我们可以给自己的店铺上传一个"店标"。店标图片是您店铺的标志,一个好的店标图片可以提高您店铺的浏览率。图片准备好后,点击浏览,把图片传上去即可。

最后,我们可以在自己的"公告"内写上内容,这些内容将在店铺的公告栏内滚动,这样买家进入你的店铺就可以看见你发布的店铺信息,比如最新进了哪些货物,有什么优惠,以及写上你的联系方式,让买家在想要买物品时和你联系等。一个个性化的店铺公告,能吸引买家的注意力,达到更好的促销效果。

所有这些都完成后,我们点击"确定"即可以完成店铺框架的构建。

8.注意事项

在淘宝网上开网店,就是这么简单,而在淘宝网上开一个成功的网店,却并不容易,要掌握大量的技巧和资源才行。很多人在网上开了店,但是招揽不到生意,久而久之就把网店荒废了,想要成功开网店的朋友们就请继续努力吧。至于如何才能开一个成功的网店,如何才能日进斗金,就需要你看看网站上的其他文章,学习别人淘宝开店的心得和经验了。

第三节　网上学习进修新生活

有的农民朋友经常会有这样的感叹:"书读得太少了!"现在农村中有不少高中或者职高毕业的同学在工作几年后都有继续学习深造的想法。但是,由于家住得离市区比较远,已经参加了工作等原因放弃了学习。网络给我们带来了一条新的学习道路,我们来看看网上学习的优势,以及怎样开展网上学习。

一、网络教育的优点

网络教育主要是指以多媒体技术为主要媒体,在网上进行的跨时空、跨地域,实时或非实时的交互式教学形式。与传统教育相比,网络教育有着独特的优势,主要表现在以下几个方面。

1.良好的交互性

网络教育最重要的一个特性是具有良好的交互性。在网上可以利用 BBS、E-mail 等网络工具向老师提问、与同学讨论问题,形成交互式学习。网络教育不再是传统教育的以教师为中心、以课堂为中心，而是以学生为中心。

2.灵活方便

网络教育的另一个特性就是灵活、方便。网络教育的学习者可以在任何时间、任何地点进行学习。除此之外，学习者还可以自己控制学习进度。

3.易于管理

电脑有着巨大的信息处理能力和存储能力，利用电脑的这种特性，大部分教学和教学管理工作都可以在网上进行。例如学习者的选课、注册、缴费、学习时间的安排、提交作业和讨论等，同时网络数据库可以记录每个学习者在网上学习所用的时间及每次作业的完成情况，学习者每次考试的成绩和期末考试的成绩也都会被网络自动记录在案。所有这些记录构成了学习者完整的学习档案。这些资料随时可被学生和教师调出来查阅（根据每个人的权限，查阅的资料也有限制）。和传统教育相比，网络教育的这种特性可以节省大量时间和管理费用。

4.资源共享

在网络上进行资源共享分为三个方面：一是网上资源的共享，互联网本身就是一个巨大的资源库，是一个知识的宝库。这个资源库可为学习者提供多种学习的便利，扩大学习者的知识面。二是课程资源的共享，如果把十几所、几十所，甚至是上百所网络大学的课程链接在一起，就可以为学习者提供很大的选择自由，更有利于人才培养。三是对教学中难点问题解答的共享，一个学习者所遇到的问题，教师解答了，其他有相同问题的学习者也可以参考。

5.个性化的服务

现代人注重的是个性化发展。学校培养人才也不能都按照一个标准,注重在学生阶段培养学生的个人兴趣也是教育的一项重要任务。网络教育学习方式灵活,可选择资源众多,为个人兴趣的发展提供了充足的空间。学习者可以根据自己的爱好和特长去选择自己想学的内容,去实现自己的发展目标。

6. 可以优化教育资源

现代教育的教学内容迫切需要随着科学技术的迅速发展而及时更新,这在传统教学中很难做到,而网上的教育资源却可以做到这一点。网络上的教育资源可以随时更新和补充,可以及时地反映最新的科研成果,并把这些成果编入教学内容中。

二、网络学习

现在网络大学很多,我们就以中央广播电视大学的网络学习服务为例来介绍一下网络教育。打开中央广播电视大学的网站,如图 2-11 所示。

图 2-11　中央电大网站

网页上内容很多,我们点击"学生服务"中的"入学指南",就可以看到比如"广播电视大学是什么样的学校?如何使用电大在线远程教学平台进行学习?怎样参加课程的网上文化活动?"等这样的问题和详细的视频解答。

我们点击"学生服务"中的"在线学习"就能打开"电大在线"网页,这是我们学习的主要平台。

报名工作我们可以去当地的广播电视大学办理,报名完成后我们就可以开始在网站上学习了。

三、一村一

"一村一"就是一村一名大学生计划。中央电大组织实施的"一村一名大学生计划"主要通过现代远程开放教育的手段,采取在职业余学习的方式进行。农民大学生注册入学,不转户口,就地上学,自主学习,累计学分,修满规定的学分即可颁发国家承认的学历文凭。中央电大通过降低学费标准和教材价格、实施经济援助、提供专项奖学金等方式,减轻农民大学生负担。中央广播电视大学以"农"字当头引领专业设计,搭建课程平台作为构建专业的基础。课程平台将农业技术、林业技术、畜牧兽医、农林管理、轻纺食品5大科类的主干课程按6个课程类别模块和若干课程群搭建在一个平台上,同时实施课程开放,学生可根据自己的实际情况和学习目标,对课程进行单科注册学习,在专业规则框架下,自主选学一定数量的课程,通过累计学分获得相应的培训证书(岗位资格证书)或专科学历。这种高弹性的课程及专业设置方式,较好地适应了农科专业地域性强的特点,给学习者较大的选择空间。至2010年秋,"一村一名大学生计划"课程平台共建设和开设了5大科类18个专业112门课程。

我们可以通过中央广播电视大学的网站打开"一村一"的网页,点击中央电大首页上"教学部门"中的"一村一"。打开后的"一村一"网页如图2-12所示。

图 2-12　"一村一名大学生计划"页面

打开"一村一名大学生计划"远程教育网的网页后我们可以查看"专业介绍"栏目，以便更好地选择一个适合自己的专业。如图2-13 所示。

图 2-13　选择专业介绍

专业介绍中列出了所有的专业，如果要看详细内容，只要点击对应的标题就可以了。

看完专业介绍后，我们对每个专业就有了一定的了解，自己对选择哪个专业也有了一定的目标，接下来就可以看一下具体的教学计划了。点击"教务与考试"栏目。打开页面后，再点击"教学计划"按钮。如图 2-14 所示。

图 2-14　教学计划

看完教学计划后，我们对所学的专业有了进一步的了解，就可以报名参加学习了。在报名之前也可以看下这个页面中的其他内容，比如实施方案、实践环节大纲、考试科目及安排等。

报了名后，我们可以看下"新生必读"栏目。点击"新生必读"，打开对应页面后如图 2-15 所示。

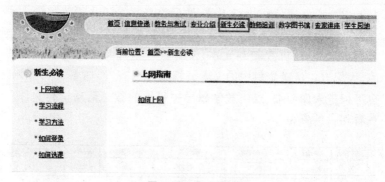

图 2-15 新生必读

"新生必读"栏目中有上网指南、学习流程、学习方法、如何登录、如何选课等内容,我们要好好学习一下。

接下来就要开始上课了,我们在"一村一"首页的"教学活动"栏目中找到 20＊＊年秋季"一村一"网上教学活动时间总表,点击打开,如图 2-16 所示。

图 2-16 教学活动

参加方式:点击列表中课程名称进入论坛参加讨论;或者从"一村一"平台首页输入用户名和密码登录到课程端,点击相关课程名称,进入论坛参加讨论。对于视频直播类教学活动,点击列表中课程名称,进入"实时视频语音答疑系统"即可收听、收看视频内容,大家需要提前准备耳机和麦克风。(注意:第一次使用语音系统时,需根据页面提示下载安装客户端软件之后,重新登录进入。或者可以直接输入网址:http://meeting. openedu. com. cn/

download/setup.exe 进行下载,然后重新登录进入。)为保证大家在活动结束后仍能查看教学活动的内容,实时教学活动结束后,电大会对活动资料(视频和文本)及时进行整理并上传到本时间表内,大家点击活动资料中的文本或视频即可查看,如图 2-17 所示。也可以进入课程端,点击教学辅导栏目中的教学活动资料文件夹查看相关的资料。

教学日期	教学时间	专业或课程名称	活动主题	活动主持教师	活动类型	活动资料
09月17日 (二)	15:00～17:00	农村电工	课程答疑	田娃	文本	

图 2-17　课程

第四节　网上理财新生活

随着经济建设的进一步推进,农民朋友依靠勤劳和智慧赚得的财富也越来越多。从传统角度来说,我们很多人都会把钱存在银行里,但现在经济生活丰富,有非常多的理财产品可供选择。这里我们要介绍的网上理财是一条新的通道。

一、网上理财的概念和优势

1. 网上理财的概念

网上理财,指通过互联网进行理财业务。随着网络在国内的普及和经济的飞速发展,网上理财的概念逐渐为人们所接受,购买理财产品、证券、保险等业务现在都可以在网上进行,网上理财已经显示出了巨大的发展空间。

2. 网上理财的优势

在网上理财,可以摆脱银行和其他金融企业在时间和地点上的限制,只要身处有网络的区域,理财者就可以在任何时间查看网上的理财信息,寻找自己感兴趣的理财产品,掌握更多的理财知识,这些优势也是网上理财与传统的柜面式理财最大的不同。

二、网上理财的准备——开通网上银行

要想进行网上理财,首先要开通网上银行。我们以工商银行网上银行为例来看看如何开通网上银行。开通网上银行的必要条件是我们提前办理了工行借记卡或信用卡。

我们在银行办理完相关的业务后,回到家打开计算机,找到工商银行网上银行主页,如图 2-18 所示。

图 2-18　工商银行网上银行主页

网上银行开通分以下五步:

第一步,打开工商银行主页,找到"个人网上银行登录"下方的"注册"链接,点击后开始注册网上银行账户。之后打开"网上自助注册须知",请大家仔细阅读,再点击"注册个人网上银行"按钮。

第二步,点击"注册个人网上银行"后,就会出现一个用户自助注册对话框,需要我们填写注册卡的账号、密码、验证码。

第三步,点击"提交"按钮后,系统会要求我们同意接受协议,点击"接受此协议"。

第四步,在点击"接受此协议"后,系统就跳转到"注册个人网上银行"详细信息的页面框。

第五步,我们填写完整信息后,点击"提交"按钮,会跳出确认成功对话框,点击"确定"完成注册。

三、网上理财的选择

1. 直销类:官方品质、质量保证、收费便宜

(1)应用介绍:各家金融公司"自建网上门面",销售自己的金融商品。

(2)应用入口:www. pingan. com(中国平安)、www. chinaamc.com(华夏基金)等。

(3)特点:这是一种可以在不受干扰的情况下,自主决定买多买少的金融产品购买方式。没有大热天或大冷天里,必须去银行交易的烦恼;不用无尽地排队和无聊地坐等叫号;也不受金融公司开门关门的时间限制,一天 24 小时都可以购买。这种官方店铺,改变了不少网民的金融产品购买流程。

不少被搬到网上的保险营业厅,为用户提供了一个拥有专业知识且 24 小时都不休息的前台服务员,用户可在这类网站上,任意购买自己需要的险种,还能得到相应的介绍。以车险为例,用户在登录其网站之后,只需按照提示,输入汽车详细资料及个人联系方式,车险计算器就会立刻计算出保险价格,并给出相应保单套餐推荐。

经过简单的选择并确认之后,便可直接通过第三方支付工具支付保险费用。这个过程,通常十分钟左右就可以完成。区别于传统购险方式,平安保险、中国人保财险这种官方直销平台,明显让购险方便了许多。

另一方面,基金的网络直销渠道也正在快速建立着。虽然目前大部分销售仍然是通过银行完成的,但随着金融类产品交易规则的完善,通过类似华夏基金网这样的直销平台完成交易的基金比例正在飞速提升着(手续费便宜多了)。

2.C2C 类:金融产品"淘宝"时代

(1)应用介绍:各类金融公司借助淘宝等 C2C 平台进行市场分销。

(2)应用入口:baoxian. taobao. com(淘宝网保险频道)。

(3)特点:依靠"好评多少、皇冠数量"进行网店评价的标准,也被全面用于评价一款你即将在淘宝上购买的金融类产品。这种依靠阿里旺旺完成售前咨询,使用支付宝完成支付交易的购保方式,让我们购买保险类金融产品,变得像在网上购买一双拖鞋一样简单。

在淘宝上购买一款保险产品,用户仅仅需要经过"开通理财账户→风险测试→填写投保信息→确认信息→支付"这个简单的流程,即可完成购买。而所谓的理财账户,其实就是一个附属于支付宝的子账号,专用于理财产品的购买和产品续期时的自动扣款。

由于平台中汇聚了包括泰康、华泰、阳光、平安等不同金融公司的多款产品,所以用户在购买时,能比去官网购买,更容易对比价格和险种内容。该网站提供的"风险评估测试",还可为不太懂保险的用户,提供一个购买风险参考,并提供一些是否适合购买该产品的建议。

3.B2C 类:崛起的"代理们"

(1)应用介绍:专业机构搭建的销售平台。

(2)应用入口:www. ins. com. cn(保网)、www. txsec. com(天相投顾)。

(3)特点:它们对这个行业了如指掌,它们拥有独立的评价机制,它们不完全依赖某一家金融公司生存,它们作为网络金融销售渠道中的最强中介,将会成为未来金融产品网上销售的主要中间商。

主营保险类金融产品的保网,会结合更多自身固有的专业优势,为客户提供一整套针对性较强的保险选购服务。该网站除了代理销售某些产品外,还通过与相关保险公司签约合作的形式,允许它们开设在线投保专区,并通过泛华保网直接销售车险、意外险等多种保险产品。

此外,主营基金类金融产品的天相投顾,则借助新政《证券投资基金销售管理办法》获得自己对基金的直接销售权。拥有资金结算资格的天相投顾,通过为投资者提供专业的购买建议,直接接受顾客的购买资金。而用户通过先把钱汇到天相投顾指定的一个账户上,然后再转到某个基金账户上的形式,完成基金的购买。

4. 网上银行平台

还有一种最简单:各大银行的网上银行都有网上理财项目,只要打开网上银行就可以进行。比如工行,在工行的网页上点击"工行理财",如图 2-19 所示,就可以购买工行推出的各种理财产品。

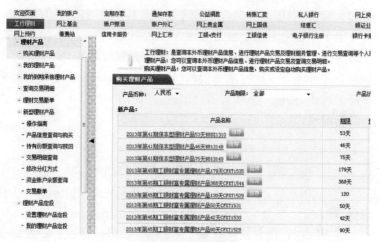

图 2-19　工行理财

四、网上理财的安全策略

网上理财很方便，但是也有不小的安全隐患，随着上网理财的人越来越多，不少不法分子也盯上了这里，每年都有不少的人上当受骗，所以我们要提高警惕，小心投资。

1. 安全补丁更新

有些常用的计算机软件的安全漏洞可被病毒作者和黑客利用，来进入那些未安装安全补丁程序的计算机，盗取资料。一般来说，一旦发现软件存在安全隐患，软件出版商便会推出安全补丁程序来堵塞这些漏洞。我们可以定期浏览软件出版商的网站，及时对操作系统和应用软件进行安全补丁更新。

2. 杀毒软件

安装杀毒软件、定期更新软件及安装最新的病毒定义文件，可有效保障计算机免受病毒侵袭。

3. 个人防火墙

安装防火墙，帮助保护计算机系统不会在连接互联网时受到侵袭，可阻止资料在未经授权情况下传入或传出我们的计算机。

4. 反间谍软件

间谍软件可运行在用户计算机上用以监测及收集用户上网信息，比如获取我们输入的个人信息，包括密码、电话号码、信用卡账号及身份证号码。间谍软件往往作为某些服务的"免费"下载程序的一部分下载到个人计算机中，或在未经同意或知晓的情况下被下载到计算机中。我们强烈建议安装并使用较有信誉的反间谍软件产品以保护您的计算机免受间谍软件的侵害。

5. 密码设置注意事项

密码是取得网上户口数据的钥匙，因此我们必须谨记将密码妥为保管。密码最好是包含字母、数字、特殊字符的组合,不要设置成常用数字,如生日、电话号码等,也不要设为一个单词。密码的位数应该超过六位,经常修改密码,并为重要服务例如网上理财服务设置独立的密码。

6. 避免私下交易

互利网建议用户避免尝试私下交易。私下交易的约束力极低,不受《合同法》的保护,风险非常高,同时您的个人信息将有可能被泄露,存在遭遇诈骗甚至受到严重犯罪侵害的隐患。

第五节　网上交友新生活

随着计算机的普及,互联网的发展,上网越来越多,网上交友已经成为一种时尚交友方式,是很多人的首选。网上交友给我们的生活实实在在地开辟出了一条崭新的交际渠道,拓宽了我们的交际范围。

一、网上交友的优缺点

1. 网上交友的优点

(1)网络平台交友给我们提供了另一种交友方式,为我们的生活开辟了新的空间,它让我们超越了现实中交友的局限,可以大胆地去表达自己的内心世界。

(2)网络平台交友为我们创造了一个崭新的自由平等的对话平台。借助网络的虚拟性,双方能够突破时间、空间的局限,突破尊卑、疏密关系的界限,以完全平等的身份畅谈,达到缓解紧张情绪、交流思想的目的,在交往过程中彼此没有顾忌,可以深入地交往,不必考虑太多。

(3)网络平台交友不必担心袒露心灵会带来不良的后果,所以人们才乐意把自己的事情讲给未曾谋面的网友听,通过倾诉使心理得到自我调节,还有在网络上能够结交到各色人物,能给自己带来快乐,可以在网上认识志同道合的朋友,在你烦心时,可以向他倾诉。在现实中不敢说的话、不好意思说的话,在虚幻的网络世界里完全可以畅所欲言。

2. 网上交友的缺点

(1)网络是虚幻的,没有人也没有办法对网上的"个人资料"进行审核。最为经典的一句话就是,没人知道坐在电脑前的是不是一只狗。

(2)网络使沟通变得自由与便捷,也使行骗更难让人识别。别有用心者打着交友的旗号图谋不轨,引发了严重的社会问题。

(3)网络上很多人在聊天时容易放纵自己,两性话题大行其道,低级趣味泛滥成灾,让人道德沦丧,而由它引发的道德问题更是不容忽视。

二、网上交友的工具——QQ

1. 注册账号

想要使用 QQ 和朋友聊天,首先需要有一个 QQ 号码,所以我们必须先去注册一个自己的 QQ 号码。注册 QQ 号码的步骤如下:

第一步,启动 IE 浏览器,在地址栏中输入网址"im. qq. com",按下 Enter 打开"IM QQ-QQ 官方网站"页面。

第二步,单击"注册 QQ 账号"按钮后,进入下一步,填写用户资料。这里要填写的内容很简单,只要填上昵称(就是你在 QQ 上的名字)、密码、性别、生日、所在地和验证码,然后点击"立即注册",就可以了。如图 2-20 所示。

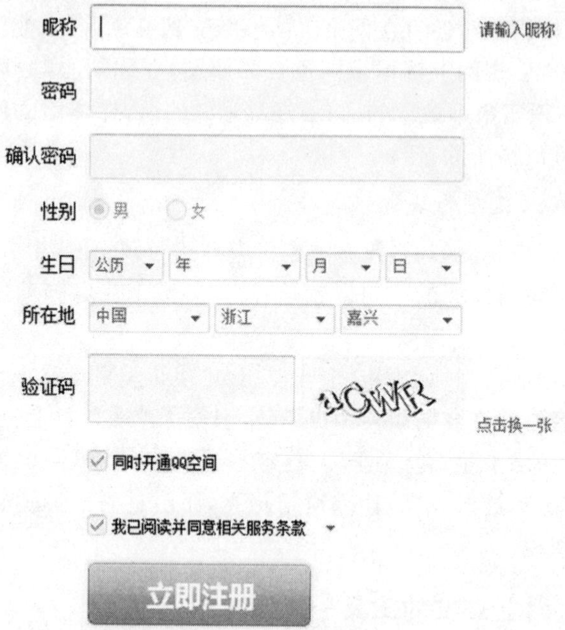

昵称 | | 请输入昵称

密码 | |

确认密码 | |

性别　○男　○女

生日　公历 ▾　年 ▾　月 ▾　日 ▾

所在地　中国 ▾　浙江 ▾　嘉兴 ▾

验证码 | | &CWR 点击换一张

☑ 同时开通QQ空间

☑ 我已阅读并同意相关服务条款 ▾

立即注册

图 2-20　填写申请资料

第三步,系统提示注册成功。这里请千万注意一定要记住自己的 QQ 号码和密码,因为以后登录 QQ 就要靠这些了。到这里,我们注册 QQ 号码的过程就已经完成了,我们还可以"设置密码保护",主要是通过手机号码来保护 QQ 号,如果 QQ 号被盗,就可以通过手机短信取回。

2. 登录 QQ

注册 QQ 号码后,我们就可以登录 QQ 了,在登录时只要输入 QQ 号码和密码就可以了。

3. 查找和添加好友

我们登录的新 QQ 号码是没有任何好友的,如果要使用 QQ

聊天功能的话,首先要添加好友。添加好友可以输入对方的 QQ 号码进行精确查找,也可以通过 QQ 服务器查找。

(1)精确查找 QQ 好友

精确查找 QQ 好友是通过好友的 QQ 昵称或 QQ 号码来查找。使用这种方法查找的前提是必须知道好友的 QQ 昵称或 QQ 号码,其步骤如下:

第一步,单击 QQ 窗口右下角的"查找"按钮,打开"查找联系人"对话框,输入对方的昵称后,点击"查找"按钮,如图 2-21 所示。

第二步,在找到的好友记录右边点击"+"号,加为好友。

第三步,在添加好友对话框中,首先输入相关的验证信息,然后在备注姓名中填上好友的真实姓名(这样方便查找),可以在分组中为好友分类。

第四步,点击"下一步"按钮,即完成添加好友的操作。

需要说明的是,通过 QQ 号码查找好友的步骤和以上步骤是差不多的,只是在第一步中输入的是 QQ 号码而不是昵称。

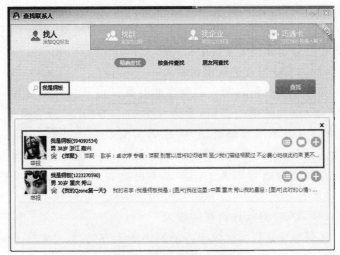

图 2-21　按昵称查找好友

（2）通过 QQ 服务器查找好友

通过 QQ 服务器查找好友的查找范围比较大，一般用于查找在线的 QQ 用户，步骤如下：

第一步，单击 QQ 窗口右下角的"查找"按钮，打开"查找联系人"对话框。

第二步，选中"按条件查找"选项，选择要查找的条件，单击"查找"按钮。

接下来的步骤和精确查找后面的步骤是一样的，就不再重复了。

4. 使用 QQ 聊天

添加 QQ 好友后，就可以和对方进行即时聊天了，可以进行文字、语音或视频聊天。

（1）和 QQ 好友进行文字聊天

如果 QQ 好友的头像显示为彩色的，表示该好友现在是在线的，就可以和对方进行聊天。双击 QQ 好友列表中的好友头像。打开聊天窗口，输入聊天内容后，单击"发送"按钮，就可以发送 QQ 消息了。当对方收到你的消息后就会回复消息，对方回复的内容也会显示在聊天窗口中。

（2）和 QQ 好友进行语音聊天

和好友进行语音聊天必须安装并调试好耳机和麦克风。打开与 QQ 好友的聊天窗口，单击工具栏上的"开始语音会话"按钮，向好友发出语音聊天请求，在聊天窗口中会显示"等待对方接受邀请"信息。待对方接受请求，建立语音连接后，就可以通过麦克风进行语音聊天了。如果不再需要语音聊天了，可以点击"挂断"。

（3）和 QQ 好友进行视频聊天

视频聊天是目前比较流行的网络聊天方式，只要双方安装并调试好摄像头，就可以开始视频聊天了。打开与 QQ 好友的聊天窗口,单击工具栏上的"开始视频会话"按钮,在弹出的下拉列表中选择"开始视频会话"命令,向好友发送视频聊天请求,在聊天窗口中会显示"等待对方接受邀请"信息。等对方接受请求,建立视频连接后,就可以通过摄像头进行视频聊天。

5. QQ 群

QQ 群是腾讯公司推出的多人交流服务。群主在创建群后,可以邀请朋友或者有着共同兴趣爱好的人到一个群里面聊天。在群内除了聊天,腾讯公司还提供了群空间服务,在群空间中,用户可以使用论坛、相册、共享文件等多种方式交流。QQ 群的查找和使用步骤如下:

第一步,单击 QQ 窗口右下角的"查找"按钮,打开"查找联系人"对话框,点击"找群"选项卡。

第二步,在输入框中输入群号码,点击"查找"按钮,找到目标 QQ 群。

第三步,单击目标群右边的"加入群"按钮,申请加入 QQ 群,跳出对话框,要求验证身份信息。

第四步,输入验证信息后点击"发送"按钮,发送申请信息,系统发出提示"请求已发送,请等候验证"。

第五步,等 QQ 群的管理员看到了你的申请,就会把你加入他们的群里,系统会显示"管理员某某已通过您的加群请求"。

第六步,接下来你就可以在 QQ 群里发信息了,单击 QQ 面板中的"群讨论组",再点击对应的 QQ 群名称就能打开对应的群。

6. 使用 QQ 传输文件

使用 QQ 的文件传输功能可以把软件、电子书、照片、视频等各种文件传送给好友分享,并且没有传送文件大小的限制(大的文件传送的时间要长),最新版本 QQ 传送文件的速度已经超越了目前所有的即时通信软件,同时还能传送文件夹。使用 QQ 传输文件的步骤如下：

第一步，双击要发送文件的 QQ 好友头像，打开聊天窗口。

第二步，单击工具栏中"传送文件"按钮，在下拉列表中选择"发送文件"。

第三步，在跳出来的对话框中选择要传送的文件，点击"打开"按钮就能发送过去了。

7. 使用 QQ 邮箱

使用普通的邮箱需要登录邮件服务器，再输入用户名和密码，步骤相对烦琐。用户拥有 QQ 号码后就意味着拥有了 QQ 邮箱，它是 QQ 软件提供的特色功能，只要 QQ 在线，就能轻松进行邮件的收发。

（1）发送邮件

第一步，点击 QQ 窗口上的"QQ 邮箱"命令，进入自己的 QQ 邮箱。

第二步，点击"写信"按钮。

第三步，在收件人中填写对方的邮箱号码（QQ 邮箱就是对方的 QQ 号码），填写好主题和正文（信的内容），要添加文件的话就点添加附件。

第四步，在打开的对话框中找到要发送的文件，点击"打开"按钮，再点击邮件"发送"按钮发送电子邮件。

（2）快速发送邮件

在 QQ 邮箱的收发界面，可以方便地收发邮件，如果是对 QQ 好友发送邮件，可以利用 QQ 邮箱的快速发送邮件功能，这种方式不需要填写邮件地址，从而避免由于地址错误导致邮件的发送失败。

在 QQ 好友列表中，使用鼠标选中需要发送邮件的好友头像，会出现"发送邮件"的图标。单击此图标，会自动启动发送邮件界面，并且收件人的邮箱地址会自动输入，再输入邮件的主题和正文,单击"发送"按钮就可以快速发送邮件。

（3）接收邮件

在使用 QQ 的过程中,如果 QQ 信箱接收到了新邮件,会自动给出提示,同时 QQ 主面板上方的"收发邮件"按钮会给出 QQ 邮箱中新邮件的数目。单击"QQ 邮箱"按钮,就可以打开 QQ 邮箱界面,再单击"未读邮件"就可以查看新邮件了。

三、网上交友的原则

1.平等自愿

在网上交友聊天,要遵循平等自愿的原则。因为不管是同性还是异性,都应该得到应有的尊重,而不要只出于个人意愿死缠烂打。不顾他人感受,会让人产生厌恶心理。

2.自尊自爱

在网上交友聊天,虽然不像在现实中一样直观,甚至不能知道到对方是何人,但是同样需要自尊自爱,不能粗言滥语。在聊天的时候有些话题可能不是人人都能接受,就像是吃辣椒一样,喜欢吃的人感觉很好,不喜欢的人则会反感。

3.虚心好学

在网上交友聊天,其实就是想找到志趣相投的人,通过聊天进行沟通,使大家通过网络这个平台互相学习、共同提高。不以自己学识过人而自居,不以自己学识肤浅而自卑,能通过学习使自己进步,才是网上交友的初衷。

4.防范意识

最后一点,也是很重要的一点,由于现在网络骗子越来越多,我们要加强自我防范意识。本来上网交友就是想要开心一点找人聊天,不要上当受骗了。

第六节　网上便捷新生活

网络给我们的生活带来巨大的改变，我们传统的吃、穿、住、行发生了变化，变得方便、快捷了。我们一起来感受网络的便捷吧。

一、网上购物

1. 购物过程

在按照前文注册完成淘宝账号后，我们就可以登录账号，开始检索商品，并且购买物品了。现在以购买一个鼠标为例说明怎样在淘宝网上购买商品。

第一步，登录淘宝网（www. taobao. com），在搜索栏中输入要购买的商品关键字，例如输入"罗技 MX518 光学游戏鼠标"，单击"搜索"按钮。打开搜索信息列表页面，如图 2-22 所示。

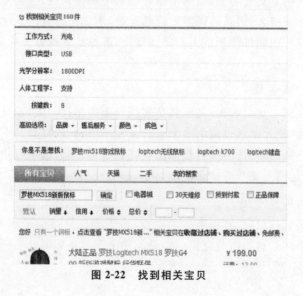

图 2-22　找到相关宝贝

第二步，找到了相关的宝贝后，我们可以看到有很多符合条件的商品，给我们留下了很大的选择余地。

第三步，单击选中要买的商品，打开该商品的信息页面，浏览商品信息，确认无误后，可以单击"立刻购买"打开购买信息页面。

第四步，填写收货人姓名、地址、电话号码等信息，确认购买数量、送货方式等信息，点击"提交订单"。

第五步，在支付宝页面里，按照提示点击支付宝支付或使用相应的银行卡，完成支付过程。

第六步，收货和评价。因为物流快递送货是需要一定时间的，在等待收货的过程中，可以查看"我的淘宝"，如图 2-23 所示。在这里你可以看到自己买到的宝贝信息、购物车信息、收藏等。

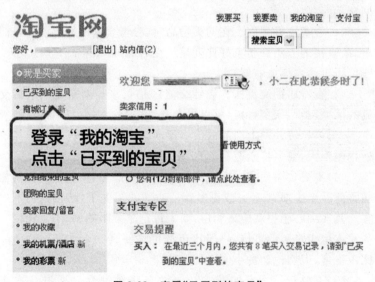

图 2-23　查看"已买到的宝贝"

如果在若干天之后（快递一般是两三天的样子），你收到了你买的东西，并且确认没什么问题，那么你就可以在"我的淘宝"的最近买到的宝贝列表里点击确认收货,通知支付宝把钱打到卖家账户上了。如果一直没收到货或者收到的东西有问题,那么你可以通过阿里旺旺联系卖家,协商解决。

点击确认收货之后就会转到支付宝付款的页面了,输入你的支付宝密码就可以把钱付给卖家。

付过款之后你的淘宝购物流程还没结束,给卖家一个评价吧,同样卖家也会给你一个评价的。

2.网上购物技巧

网上购物有利有弊,弊端在于不能亲自检验商品质量是否过关。用户在网上购买物品时,只有在实践中不断积累经验,才能避免购买劣质商品。以下是一些网上购物的技巧,供大家在网购前参考。

(1)看卖家好评度。在购买物品时,参考卖家的好评度是最简单、最直接的方法。卖家好评度显示在店铺的"掌柜档案"模块(一般位于页面左侧或右侧)中。

(2)查看店铺交流区。店铺交流区是买家与卖家之间进行交流的区域,类似于留言板,可以参考交流内容。

(3)多比较。网上商品的价格浮动幅度比较大,同样的商品价格相差很大,要多检索商品信息,多加比较。

(4)不要贪图便宜。有些用户发觉某些商品特别便宜(比其他同类商品至少便宜30%或更多),一冲动就买上了,结果是物不副实。其实细心想想就应该明白,卖家肯定是要赚钱的,不要相信一些亏本甩卖之类的言语,一般比市场价格便宜5%到15%的商品比较正常,但切记勿贪小便宜。

(5)不要轻信卖家的花言巧语。有些卖家会先通过几次小额交易买卖来取得你的信任,然后会在一次大的交易中说一些借口或理由进行违规操作,典型的如先确认收货、线下汇款、网上银行转账等,即便以后知道上当,却因为交易证据不足而投诉无门。

（6）**按照正规途径买卖。**要记住任何交易都必须按照正规的官方途径来，所有的违规行为都是没有任何保障的，都是需要买家去承担风险的，要尽量使用支付宝购买商品。

（7）**虚拟物品交易应截图保留证据。**由于虚拟物品交易的特殊性，在购买虚拟物品时，一定要记得在购买时进行截图，同时保留买卖时双方的对话原始记录。

（8）**牢记买卖操作流程。**任何时候对任何交易都必须严格按照交易流程去操作，不能有丝毫的错误和疏忽，正确的流程是先双方沟通咨询价格——谈好数量开单——买家付款——进交易管理查询到账情况——回复买家——填写发货清单确认发货——上线交易给买家——交易的同时双方截图——请买家立即确认收货——双方评价。

二、网上看病挂号

对很多人来说，到医院看病一直是我们头痛的事情，有时我们为了挂一个专家号很早就出门去医院排队了。现在我国很多医院都推出了网上挂号系统。在这里向大家推荐一个网站，我们可以预约浙江省所有大医院的门诊号。

1. 网上挂号流程

打开"浙江在线健康网"，如图 2-24 所示，然后点击"挂号"。

图 2-24　浙江在线健康网

这个平台包括了浙江省所有的三级甲等、三级乙等、二级甲等、二级乙等医院,在这些医院看病时,都可以在这个平台上挂号。

现在我们来看下简单的挂号流程,如图 2-25 所示。

图 2-25　预约挂号流程

2. 注册

第一步,在首页上点击"注册"按钮,在进行注册前仔细阅读服务规则,规则中有服务条款的介绍及一些注意事项,点击"同意"。

第二步,根据系统提示的注册项逐项填写您的个人资料,其中打星号(＊)的内容为必填项,其他的为选填项,如图 2-26 所示。

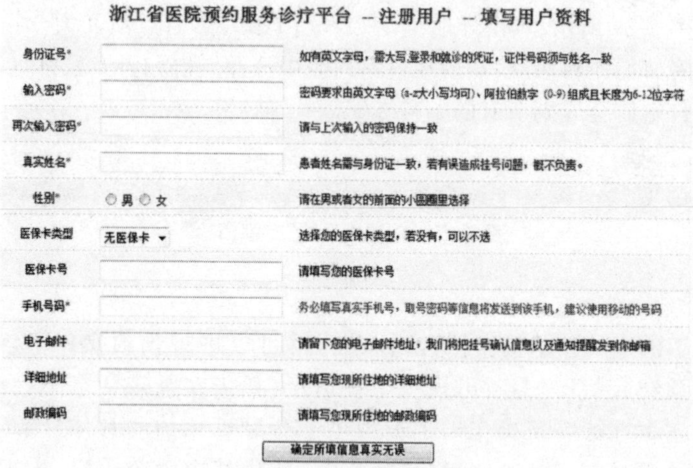

浙江省医院预约服务诊疗平台 -- 注册用户 -- 填写用户资料

身份证号＊		如有英文字母,需大写,登录和就诊的凭证,证件号码须与姓名一致
输入密码＊		密码要求由英文字母 (a-z大小写均可)、阿拉伯数字 (0-9)组成且长度为6-12位字符
再次输入密码＊		请与上次输入的密码保持一致
真实姓名＊		患者姓名与身份证一致,若有误造成统挂号问题,概不负责。
性别＊	◎男 ◎女	请在男或者女的前面的小圆圈里选择
医保卡类型	无医保卡 ▼	选择您的医保卡类型,若没有,可以不选
医保卡号		请填写您的医保卡号
手机号码＊		务必填写真实手机号,取号密码等信息将发送到该手机,建议使用移动的号码
电子邮件		请留下您的电子邮件地址,我们将把挂号确认信息以及通知提醒发到你邮箱
详细地址		请填写您现所住地的详细地址
邮政编码		请填写您现所住地的邮政编码

确定所填信息真实无误

图 2-26 填写注册信息

第三步,注册成功后,系统提示"恭喜您,注册成功!",表示用户已经注册成功,可以在平台上进行预约了。

3. 用户登录

平台提供多个用户登录口,根据系统的提示依次输入注册时预留的身份证号、密码,以及系统给出的验证码。

4. 查询医生信息

医生信息的查询有两种方式。第一种是通过搜索查找,我们这里用浙江大学医学院附属妇产科医院来举例。

通过搜索查找专家,点击搜索后就进入某位医生的个人页面,此时就可以查询到能否预约此位医生。

如果不知道该预约哪位医生,就想到浙江大学医学院附属妇产科医院妇科专家科室,看谁有号可预约就预约谁。那样的话,可以通过搜索项设置,把浙江大学医学院附属妇产科医院妇科专家科室的全部医生搜索出来。

第二种是通过专家门诊/普通门诊引导查找。查找专家门诊,如图 2-27 所示:点击导航上的"专家门诊",然后点浙江大学医学院附属妇产科医院,然后在科室列表中选择点击妇科专家科室,进入科室后会看到所有的妇科专家。

图 2-27　导航栏上的"专家门诊"

5.预约医生

医生的预约信息搜索出来后,就可以进行预约操作了。单击预约后,系统会新出现一个弹出层(如未在登录状态下,会提示您先进行登录操作),上面列出了所有可预约的具体号源,每个号源对应一个时间,用户操作时,选择其中一个号码,再把下面给你的验证码输完,然后点击下面的确认按钮。这个时候系统会去判断您的预约是否成功,无论成功与否都会有个最终的页面返回给您。

(1)预约成功。经过上面的一系列操作,最后预约成功,如图 2-28 所示。网页上提供了一些您预约的具体信息及注意事项,请牢记您预约的信息和取号密码(虽然也会有短信发送,为了保险起见,建议您自己做一下记录),然后在就诊当日在规定时间之前到医院正常就诊,千万记得带患者的证件(成人患者为身份证原件,儿童患者为户口本原件)。

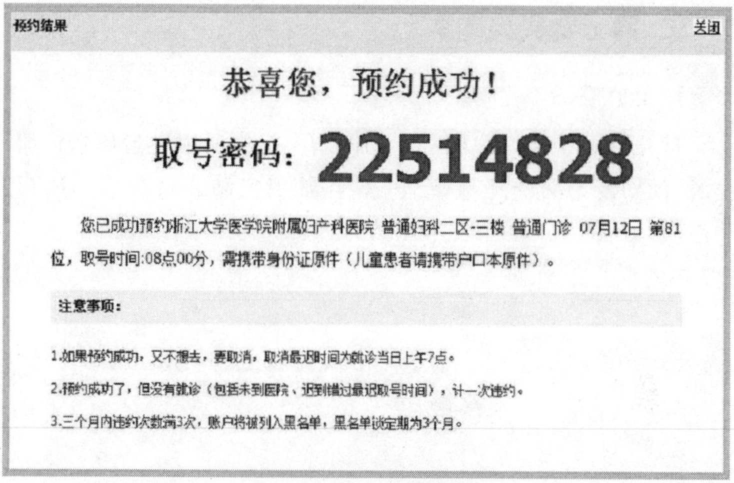

预约结果   关闭

恭喜您，预约成功！

取号密码：22514828

您已成功预约浙江大学医学院附属妇产科医院 普通妇科二区-三楼 普通门诊 07月12日 第81位，取号时间：08点00分，需携带身份证原件（儿童患者请携带户口本原件）。

注意事项：

1.如果预约成功，又不想去，要取消，取消最迟时间为就诊当日上午7点。

2.预约成功了，但没有就诊（包括未到医院、退到错过最迟取号时间），计一次违约。

3.三个月内违约次数满3次，账户将被列入黑名单，黑名单锁定期为3个月。

图 2-28　预约成功提示

（2）预约失败。由于医生的号源是由各家医院自己在维护管理的，不可避免地会出现一部分的错误信息。如果出现错误请联系平台客服解决。

6.退号

由于各方面的原因，我们成功预约后，又可能不想去医院就诊了，这时候就需要做退号操作。如果不做退号操作的话是对资源的一种浪费，会使得其他人看不上病，并且本人会被记违约一次。退号操作分以下几步。

第一步，进入预约记录后，点击想要取消的那条记录后，点击红色字体的"查看/取消"。

第二步，点击后在打开页面上的取号密码这一栏中输入取号密码后，点取消预约。

第三步，平台为了防止用户误操作，设置了再次确认的步骤，如果您确实要取消，点击确认。

三、网上购买火车票

1.用户登录

打开中国铁路客户服务中心网站。打开后用实名免费注册用户名,使用注册时的邮箱激活。使用注册成功并已激活的用户名和密码登录网站,如图 2-29 所示。

图 2-29　用户登录

2.车票查询

点击车票预订,进入车票查询界面,输入筛选条件查询余票,规划行程,如图 2-30 所示。

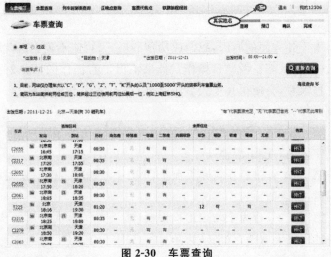

图 2-30　车票查询

3. 车票预订

在此界面中，从常用联系人中选择或直接录入乘车人信息，也可以改签席别、票种和张数，如图 2-31 所示。

身份信息后填写完整后，点击"提交订单"申请车票，进入订单确认界面。

4. 订单确认

核对申请成功的车票信息，确认无误后点击"网上支付"，进入网上银行选择界面。

5. 网上银行选择

选中具体网上银行后进入网银界面。

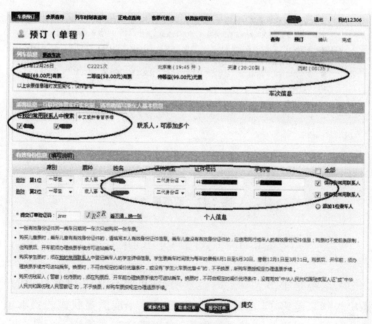

图 2-31　车票预订

6.网银支付

按照提示,输入卡号、密码和校验码后,点击"确定支付"按钮,就完成了支付工作,显示购票成功,如图 2-32 所示。

到此为止,购买火车票的任务已经完成。我们只要在坐车之前,到火车站取票或者凭二代身份证直接检票上车就可以了。网上购票,大大节省了我们排队的时间。

除了购买火车票外,我们还可以在网上买飞机票、订酒店客房、饭店订餐等,可见有了网络真是方便。

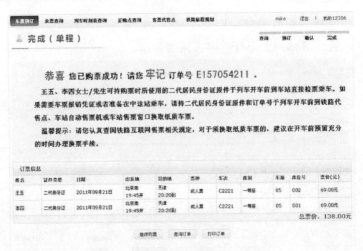

图 2-32　购票成功

第七节　网上娱乐新生活

看电视是很多人喜爱的娱乐项目,可是现在电视节目中的插播广告越来越多了,而且很多电视节目也不能满足我们的要求了,因此我们可以进入一些在线电影、在线听歌和在线游戏网站,进入网上娱乐新生活。

一、使用迅雷看看网上看电影电视

一般来说网上看电影电视需要安装插件，IE浏览器一般都默认安装了这些插件，如果未安装，只要更新一下浏览器就好了。一般来说用"迅雷看看"在网上看电影电视分以下几步。

第一步，启动浏览器，在地址栏中输入网址 movie. xunlei. com，按下 Enter 键，打开"迅雷看看"页面，如图 2-33 所示。

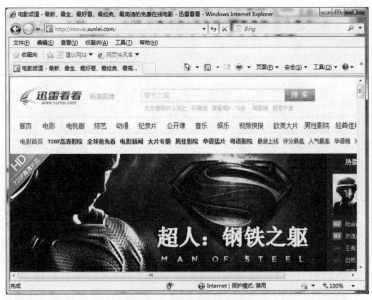

图 2-33 "迅雷看看"页面

第二步，单击想要收看的电影电视链接，打开在线收看页面。

第三步，单击"播放"按钮，打开播放页面，等待缓冲后，就可以在线收看影片了。在观看影片时，可以执行调节音量、切换全屏模式、拖动进度条等操作。

二、使用 PPTV 网上看电影电视

PPTV 是一款用于互联网上大规模直播的免费软件，是现今最常用的网络播放软件之一。使用 PPTV 网上看电影电视步骤如下：

第一步，启动 IE 浏览器，在地址栏中输入网址 www. pplive. com，按下 Enter 键，打开"PPTV 网络电视"页面。

第二步，单击"客户端下载"按钮，如图 2-34 所示。

图 2-34　客户端下载

第三步，选择存储目录后，点击确定开始下载。

第四步，等待下载完成后，双击安装文件，开始安装软件。

第五步，安装完成后，启动 PPTV 程序，打开程序窗口，就可以随意点播电视和电影了。

三、在线听音乐

在线听音乐，顾名思义是在线听音乐歌曲，与在线观看电影或电视节目相同，它不需要下载音乐到计算机中，直接打开在线听音乐的网站，选择要收听的歌曲，就可以在线收听。以"一听音乐网"

为例,在线听音乐步骤如下:

第一步,启动 IE 浏览器,在地址栏中输入网址 www.1ting. com,按下 Enter 键,打开"一听音乐网"。

第二步,通过单击超链接的方法浏览所需要收听的歌曲,或利用网站提供的搜索功能,在搜索栏中输入歌曲名称或者歌手的名字,单击"搜索"按钮,打开搜索信息列表页面,如图 2-35 所示。

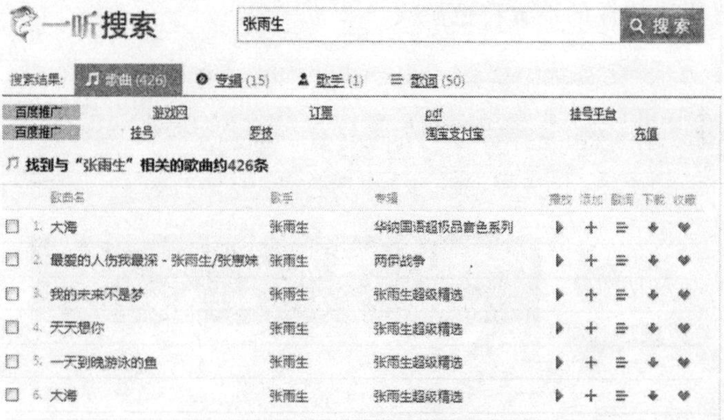

图 2-35　搜索信息列表

第三步,单击搜索信息列表页面中所要收听的歌曲右侧对应的播放按钮。打开在线试听页面,等待缓冲完成后,就可以在线收听歌曲了。

四、网络游戏

网络给我们带来了在线游戏这样一种娱乐方式。在线游戏的魅力在于无论何时何地,只要拥有一台连接上了网络的计算机,就可以和网络上的其他玩家共同游戏。下面为大家介绍一个叫"中国地方游戏网"的网站。

1. 登录游戏网站并下载游戏

打开 IE 浏览器，输入 www.dfgame.com 后就进入了中国地方游戏网的主页，如图 2-36 所示。想要玩游戏就要下载游戏大厅，我们单击"游戏下载"按钮进入下载页面。在下载页面中可以看到，除了有各种游戏大厅的下载外还有很多不同游戏的下载。游戏的种类很多，有像中国象棋和五子棋这样的通用游戏，也有像嘉兴原子这样的地方特色游戏。

图 2-36　中国地方游戏网首页

下载游戏的过程很简单，只要选中目标按照提示操作就可以了，我们在之前也讲过怎么下载软件，这里就不再重复了。

2. 安装游戏

进入中国地方游戏网，首先要安装游戏大厅，它会带领您进入各个游戏，具体的安装过程如下：

第一步，我们双击下载的大厅安装文件的图标。

第二步,点击"下一步"开始安装。

第三步,看完许可协议后,如果没有任何异议,就选择"我同意上述条款和条件",点击"下一步",选择安装文件夹。

第四步,选择好安装文件夹后就点击"下一步"。文件安装速度很快,请耐心等待。

第五步,点击"完成",大厅便安装成功,接下来让我们进入游戏大厅。

3. 登录游戏

我们只要双击"登录到中国地方游戏网"图标,启动游戏登录界面就可以登录。如果您是第一次登录,请先注册一个账号,用户注册是十分简便的。

我们首先在地图或导航栏中指定所要登录的服务器,如图 2-37 所示。选择"显示所有地方站点",可以在登录后玩到所有站点的游戏。在登录界面上输入刚才申请的用户名和密码。点击下方的登录按钮,进入大厅后就能准备开始游戏了。

图 2-37　指定要登录的服务器

4. 开始游戏

登录游戏大厅后,双击游戏名字,便可进入游戏。进入游戏后会出现选择房间的画面,选择一个级别设定与自己级别接近的房间,点击"确定"便可进入,如图 2-38 所示。

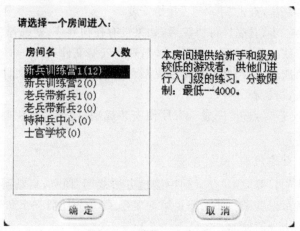

图 2-38　选择一个房间

　　进入大厅,中央为座位区,点击座位是进行游戏的唯一途径。您坐下后,点击"开始"等待玩家坐满后便进入游戏,如图 2-39 所示。当所有的玩家都点击"开始"按钮后,就可以开始游戏了。

图 2-39　等待其他玩家

第三章　农民网上新生活的保障

我们学会了上网，习惯了上网，如果一下子没有了计算机网络，我们可能会感觉缺少了什么，会很不习惯。那就让我们来学习一些本领以应对可能会出现的问题吧。本章主要包括网络安全、计算机使用注意事项、Windows 7 的安装和常见计算机故障的解决等内容。

第一节　网络安全的威胁和对策

随着互联网的普及，越来越多的经济和商业事务可以通过网络完成，比如个人网上银行、网上购物等。也由于网络上流通信息的"含金量"越来越大，如果不注意安全，随时会造成意外的损失，例如，黑客窃取网上银行支付密码，盗用用户现金，窃取用户的个人邮箱密码、个人及商业机密等。虽然有不少人已经意识到信息安全造成的问题，但是往往苦于没有相关知识而无从入手，下面我们就来看看有关这方面的知识。

一、网络安全的大患

我们要提高自身的网络安全意识，首先就要了解有哪些不利于安全的因素，主要有三大危机，分别是黑客、木马和病毒。

1. 黑客

原意是热衷于网络应用，打破传统为资源共享而努力的人，带有褒义，但是随着黑客技术被滥用，时至今日，黑客在大多数场合，指入侵他人计算机，非法获取数据、破坏系统的人。

2. 木马

木马是一种后门程序,它通常由黑客植入或通过电子邮件及其他方式欺骗用户执行,执行后就潜伏在用户的计算机中,记录用户的输入信息,提供非法控制、访问用户计算机的通道。木马还提供以下常见功能:

(1)远程文件传输,让黑客方便地窃取或删除、破坏文件。

(2)非法启动网络服务,让客户端的计算机变成服务器,向非法用户提供服务,如启用 FTP 服务,变成地下 FTP 服务器传播色情资源。

(3)屏幕监视,就像站在用户身后一样,完全监视用户操作。

(4)远程控制,控制用户的计算机,作为工具做非法勾当,例如当成跳板来攻击其他用户。

3. 病毒

病毒是一种恶意计算机程序,它可以自我复制,并通过网络、移动存储设备等途径,传播到其他计算机,造成系统运行不稳定或变慢,甚至损坏系统数据、破坏用户文件。

二、如何应对危机

应对以上危机,主要应从主观上重视,养成良好的上网习惯和很强的防范意识,再辅助软件技术手段。首先让我们先来看下什么是良好的上网习惯和防范意识。

1. 良好的上网习惯

(1)每次上网前检查一下杀毒程序与防火墙是否打开。

(2)请勿使用未加密的电子邮件发送账号、密码或其他机密资料。

(3)不要随意运行从网络上下载的不明程序。

(4)除非网站值得信任,否则不要安装它提供的插件和其他程序。

（5）不要随意点击出现在 QQ、MSN 上的超链接，也不要随意执行从即时通讯工具传送过来的文件，因为这很可能是病毒。

（6）输入密码时通过鼠标协助乱序输入。比如输入密码为"5487"，那么可以先输入"48"，再使用鼠标切换到"4"之前输入"5"，切换到"8"之后输入"7"，避免键盘窃听。

2.防范意识

（1）避免在聊天室或即时通讯软件中公开自己的真实姓名及联系方式，除非对方真的值得信赖，否则这可能会给自己带来极大麻烦，例如不断地接到骚扰电话等。

（2）在查证之前，不要轻易依照电子邮件的内容去做。例如，收到要求你提供账户及密码的电子邮件。

（3）使用新软件时，先用杀毒软件检查，可减少中毒机会。主动检查，可以过滤大部分的病毒。

（4）关闭自动播放功能，自动播放大大增加了感染病毒的风险，熊猫烧香病毒就是通过插入 U 盘这样一个简单的动作入侵系统的。

（5）重要资料提前备份。资料是最重要的，程序损坏了可重新安装，甚至再买一份，但是自己键入的资料，可能是三年的会计资料，可能是画了三个月的图片，如果某一天，这些重要的资料因为病毒而损坏了，会让人欲哭无泪，所以对于重要资料经常备份是绝对必要的。

三、杀毒和木马防护软件

我们以 360 杀毒软件和 360 安全卫士为例，说明一下软件的具体功能和使用方法。

1.360 杀毒软件

第一步，启动 IE 浏览器，在地址栏中输入 www.360.cn，打开"360 安全中心"页面，点击 360 杀毒下载按钮，开始下载。

第二步,双击运行下载好的安装包,弹出 360 杀毒安装向导。在这一步您可以选择安装路径,建议您按照默认设置即可。当然您也可以点击"浏览"按钮选择安装目录,选择好之后,点击"下一步"开始安装。

第三步,安装完成,打开 360 杀毒软件的界面,如图 3-1 所示。

图 3-1   360 杀毒界面

从 360 杀毒界面上看,有以下几个模块:

(1)病毒查杀

有快速扫描、全盘扫描、指定位置扫描和 Office 宏病毒扫描四个内容。

(2)实时防护

有入口防御、隔离防御和系统防御三个内容。

(3)安全保镖

有网购保镖、搜索保镖、下载保镖、看片保镖、U 盘保镖和邮件保镖六个内容。

(4)病毒免疫

动态链接库劫持免疫、流行木马免疫和 Office 宏病毒免疫三个内容。

（5）工具大全

共有系统安全、系统优化和其他工具 3 类 15 个工具。

注意要点：

● 不管是什么杀毒软件，一定要及时升级病毒库，不升级的杀毒软件是没用的。

● 我们可以在设置中设定让软件自动升级并定期扫描计算机查杀病毒。

2.360 安全卫士

360 安全卫士是目前国内最受欢迎的免费安全软件，它拥有查杀流行木马、清理恶评及系统插件、管理应用软件、系统实时保护、修复系统漏洞等多个强劲功能，真正为每一位用户提供全方位系统安全保护。

360 安全卫士的下载及安装过程和 360 杀毒是一样的，这里就不再重复了，下面主要介绍 360 安全卫士的主要功能。360 安全卫士的主界面如图 3-2 所示。

图 3-2　360 安全卫士的主界面

在界面的上方有九个功能模块,分别是电脑体检、查杀木马、清理插件、修复漏洞、系统修复、电脑清理、优化加速、功能大全、软件管家。下面分别介绍。

(1)电脑体检

电脑体检功能可以全面地检查电脑的各项状况。体检可以快速全面地让使用者了解电脑,并且可以提醒其对电脑做一些必要的维护。

(2)查杀木马

木马查杀功能可以找出电脑中疑似木马的程序并在取得授权的情况下删除这些程序。及时查杀木马对安全上网来说十分重要。

(3)清理插件

过多的插件会拖慢电脑的速度。清理插件功能会检查电脑中安装了哪些插件,您可以根据网友对插件的评分及自己的需要来选择清理哪些插件,保留哪些插件。

(4)修复漏洞

系统漏洞容易被不法者或者电脑黑客利用,通过植入木马、病毒等方式来攻击或控制整个电脑,从而窃取电脑中的重要资料和信息,甚至破坏电脑的系统,所以发现系统漏洞后要及时修复。

(5)系统修复

系统修复可以检查电脑中多个关键位置是否处于正常的状态。当遇到浏览器主页、开始菜单、桌面图标、文件夹、系统设置等出现异常时,使用系统修复功能,可以找出问题出现的原因并修复问题。

(6)电脑清理

垃圾文件,指系统工作时所过滤加载出的剩余数据文件。垃圾文件长时间堆积会拖慢电脑的运行速度和上网速度,浪费硬盘空间。您可以勾选需要清理的垃圾文件种类并点击"开始扫描"，进行清理。

（7）优化加速

帮助全面优化电脑系统，提升电脑速度，更有专业贴心的电脑专家，为您开展一对一服务。

（8）功能大全

功能大全提供了多种实用工具，能有针对性地解决电脑的问题，提高电脑的速度。

（9）软件管家

软件管家聚合了众多安全优质的软件，你可以方便、安全地下载。如果你下载的软件中带有插件，软件管家会提示你。从软件管家下载软件更不需要担心下载到木马病毒等恶意程序。

四、其他措施

1. 开启系统防火墙

点击"开始"菜单，打开"控制面板"，点击"系统和安全"，找到"Windows 防火墙"，使它处于"开启"状态。

2. 提高浏览器安全级别

打开 IE 浏览器，点击"工具"菜单，选中"Internet 选项"命令，点击"安全"选项卡，点击"自定义级别"按钮。将级别设定为"高"，如图 3-3 所示。

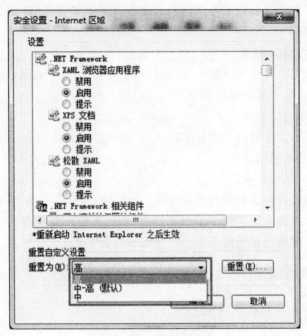

图 3-3　级别设定为高级

第二节　网上新生活的保障

为了保障我们能正常地使用计算机,正常地上网,我们还要对有关的注意事项进行了解,对一些常见的使用计算机过程中出现的坏习惯进行改正,养成良好的使用习惯。

一、计算机使用注意事项

1. 正确地开关机

在使用计算机的过程中应该注意下面几点:不能任意关机,一

定要正常关机；如果死机，应先设法"软启动"，再"硬启动"（按 RE-
SET 键），实在不行再"硬关机"（按电源开关数秒钟）。

2. 电脑运行时需要注意什么

开机进入桌面后，应先等上 30 秒左右再运行各种程序。因
为电脑进入桌面时还有很多后台程序在运行，这时候处理器的
负载最大，用户要是再运行其他桌面程序就增加了处理器的负
担，运行的速度反而会变慢，甚至无响应，适得其反。想要运行
某个程序时只需要双击一次就可以了，不要看没有什么反应时
就双击多次，结果等待的时间会更长。当电脑运行程序没有反
应时我们可以借助任务管理器（快捷键 Ctrl＋Alt＋Del）结束某
些不用的进程来加快电脑的响应时间。电脑里面不要装太多
的杀毒软件，一般一个就够了，也不要隔三岔五地就进行一次
全盘杀毒，杀毒对硬盘伤害还是比较大的，会缩短硬盘使用的
寿命。

3. 环境方面

电脑对于使用场所的环境是有要求的，不良的环境条件，会影
响电脑的使用，甚至造成电脑的损坏。因此，应该注意以下环境
因素。

（1）供电

良好的供电是正常使用电脑的基本条件。电脑对电压的基本
要求是：市电电压应稳定在 220V±10％范围内，没有瞬间停电的
现象。如果你的电脑使用环境的电压不稳，可考虑为电脑加装交
流稳压器或在线式 UPS 电源。在供电方面，除了要求电压稳定
外，新一代电脑都要求将电脑可靠接地。如果不能使电脑可靠接
地，就有可能使你在使用电脑过程中出现意外的故障，如莫名其妙
地死机、重启等。同时，可靠接地也是让用户安全使用电脑的有力
保障。

（2）预防雷电

品牌电脑在进行设计时，已经设计了防雷电的措施。但为了更好地避免雷电的侵害，建议你最好在有雷雨的时候，切断主机、显示器等设备的电源，将网线从主机上拔下，在雷雨过后，再重新接好。

（3）温度、湿度

电脑在使用中对温度和湿度的要求并不高，只要是常温、常湿即可。所谓常温、常湿是指：温度在 10 至 35 ℃ 范围内，湿度在 40％ 至 80％ 范围内。

（4）灰尘

在防尘方面，只要电脑使用场所比较干净就可以了。但对于使用时间较长的电脑，还是建议你定期地为电脑除一除尘，这样能减少电脑故障发生的可能性，也能延长电脑的使用寿命。因为灰尘在电脑中积聚过多，会使电脑中的部件短路、产生静电放电、影响电脑的散热等。所以定期除尘（即进行清洁）是非常必要的。

（5）震动和撞击

在计算机工作时一旦被剧烈碰撞，显示器、硬盘、显卡等硬件设备都有可能被撞坏。所以最好将计算机固定放置在方便工作的地方，不要经常移动，特别是计算机正在运行时，不要搬运。

二、常见的使用计算机的十二个坏习惯

1. 大力敲击回车键

这个恐怕是人所共有的通病了，因为回车键通常是我们完成一件事情时最后要敲击的一个键，大概是出于一种胜利的兴奋感，每个人在输入这个回车键时总是那么大力而爽快地敲击。

解决办法：解决方法有两个，第一是控制好你的情绪，第二是准备好你的钱包（准备维修或换新）。

2.在键盘前面吃零食,喝饮料

这个习惯也是很普遍,特别是入迷者更是把电脑桌当成饭桌。

解决方法:避免在键盘前吃东西,要不然买一个防水键盘,然后每过一段时间就给它打扫卫生。

3.光盘总是放在光驱里

很多人总是喜欢把光盘放在光驱里,其实这种习惯是很不好的。光盘放在光驱里,光驱会每过一段时间,就进行自动检测,如果光驱长时间处于工作状态,那么,即使再先进的技术也无法有效控制高温的产生。热量不仅会影响电脑部件的稳定性,同时也会加速机械部件的磨损和激光头的老化。

解决方法:尽量把光盘上的内容转到硬盘上来使用。

4.关了机又马上重新启动

经常有人一关机就想起来光盘没有拿出来,或者还有某个事情没有完成等,便又打开电脑。笔者就是其中一个,殊不知这样对计算机危害有多大。

首先,短时间频繁脉冲的电压冲击,可能会损害计算机上的集成电路。其次,受到伤害最大的是硬盘,现在的硬盘都是高速硬盘,从切断电源到盘片完全停止转动,需要比较长的时间。如果盘片没有停转,就重新开机,就相当于让处在减速状态的硬盘重新加速。长此下去,这样的冲击一定会使得硬盘一命归西的。

解决方法:关机后有事情忘了做,也就放下它;一定要完成的,请等待一分钟以上再重新启动。

5.开机箱盖运行

开了机箱盖,的确能使 CPU 凉快一些,但是这样做的代价是牺牲其他配件的寿命。因为开了机箱盖,机箱里将失去前后对流,空气流将不再经过内存等配件。最受苦的是机箱前面的光驱和硬盘,失去了对流,将会使位于它们下部的电路板产生的热量变成向上升,不单单散不掉,还用来加热自己,特别是刻录机,温度会比平时高很多。

解决方法:很简单,给机箱盖加上锁头,然后把钥匙寄给我们。

6.用手摸屏幕

其实无论CRT还是LCD都是不能用手摸的。计算机在使用过程中会在元器件表面积聚大量的静电电荷。如果显示器在使用后用手去触摸,就会发生剧烈的静电放电现象,静电放电可能会损害显示器,特别是脆弱的LCD。

解决方法:在显示器上贴一个禁止手摸的标志,更不能用指甲在显示器上划道道;想在你的屏幕上"指点江山",就去买一个激光指定笔吧。

7.一直使用同一张桌面背景或具有静止画面的屏保

无论CRT还是LCD的显示器,长时间显示同样的画面,都会使得相应区域的老化速度加快,长此下去,肯定会出现显示失真的现象。

解决方法:每过一定的时间就更换一个桌面背景,最好不要超过半年,平时比较长时间不用时,可以把显示器关掉。

看完了硬件方面的问题,我们再来看看软件方面的问题吧。

8.装很多测试版或者共享版的软件

追新一族总是喜欢在自己的机子上用最新的软件,和驱动程序一样,更新程序有可能提升性能、增加功能和兼容性,但是不适当的新版本可能会引起系统的异常。

解决方法:减少测试版或者共享版软件的数量,直到一个也没有。

9.在系统运行中进行非正常重启

在系统运行时进行非正常重启(包括按机箱上的重启键、电源键和 Ctrl＋Alt＋Del)，可能使得系统丢失系统文件、存盘错误及丢失设置等。

解决方法：尽量使用比较稳定的系统，当然最好的办法是找出死机的原因，杜绝此类现象的出现。

10. 不扫描和整理硬盘

硬盘里充满了错误和碎片，不但会使系统出错的几率加大，还有可能让系统变得很慢，甚至无法运行。

解决方法：平时记得给你的硬盘打扫卫生，每过一段时间就应该清理一下硬盘，并且进行整理。

11. 不执行卸载，而是直接删除文件夹

很多的软件安装时会在注册表和 SYSTEM 文件夹下面添加注册信息和文件，如果不通过软件本身的卸载程序来卸载的话，注册表和 SYSTEM 文件夹里面的信息和文件将永远残留在里面。它们的存在将会使得你的系统变得很庞大，导致电脑的运行速度越来越慢，超过你的忍耐限度，你就不得不重装你的系统了。

解决方法：删除程序时，应当到控制面板中的"删除或添加程序"中去执行，或者在"开始"菜单中找到程序目录里的卸载快捷方式，通过它来删除程序。

12. 安装太多同样功能的软件

同样功能的软件势必会行使相同的职责，从而引起争端。特别是杀毒软件，安装太多会产生消耗太多的系统资源、软件冲突的弊端，在发现病毒时，还有可能因为"争杀"病毒引起系统崩溃。

解决方法：尽可能"从一而终"，不要太花心，选择一个适合自己使用习惯的软件，其他的可以卸载掉。

第三节　Windows 7 系统的安装

前面我们已经介绍过了，Windows 7 系统对计算机来说是非常重要的。虽然这个系统工作很稳定，可还是不能百分之百地保证一点问题都没有。当我们想尽办法也不能挽救它时，只能选择重新安装 Windows 7 系统了。您可以选择升级或执行自定义安装。升级将保留您的文件、设置和程序（这是安装 Windows 7 最简便的方法）。自定义安装不会保留您的文件、设置或程序。您可以使用自定义安装来完全替换当前的操作系统，或在您选择的特定设备或分区上安装 Windows 7。下面我们以重新安装 Windows 7 系统为例，来介绍 Windows 7 系统的安装方法。

（1）设置光驱引导：将安装光盘放入光驱，重新启动电脑，当屏幕上出现计算机的开机 LOGO 时，按下键盘上的"F12"键，选择"CD/DVD(代表光驱的一项)"，按下回车(Enter)键确定。如图 3-4 所示。

图 3-4　选择引导项

（2）选择光驱，几秒后，屏幕上会出现"Press any key to boot from CD."的字样，此时需要按下键盘上的任意键以继续光驱引导。如图3-5所示。

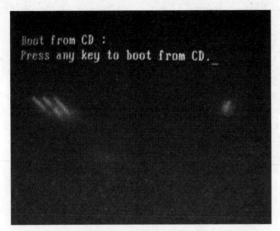

图3-5　从光驱开始实行引导1

（3）光驱启动起来后，会连续出现如下界面。

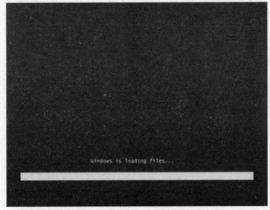

图3-6　从光驱开始实行引导2

图 3-7　开始安装

（4）此处保持默认状态即可，"要安装的语言"选择"中文（简体）"，"时间和货币格式"选择"中文（简体，中国）"，"键盘和输入方法"选择"中文（简体）－美式键盘"，点击"下一步"。如图 3-8 所示。

图 3-8　选择安装语言等项目

（5）版本选择，按照出厂随机系统版本的不同，此处可能略有不同，直接点击"下一步"即可。如图 3-9 所示。

图 3-9 选择软件版本

（6）同意许可条款，勾选"我接受许可条款（A）"后，点击下一步。如图 3-10 所示。

图 3-10 接受条款

（7）进入分区界面，点击"驱动器选项（高级）"。如图 3-11 所示。

图 3-11　选择安装磁盘

（8）点击"新建（E）"，创建分区。如图 3-12 所示。

图 3-12　新建磁盘分区

（9）设置分区容量并点击"下一步"。如图 3-13 所示。

图 3-13　设定磁盘分区大小

（10）如果是在全新硬盘上操作，或删除所有分区后重新创建所有分区，Windows 7 系统会自动生成一个 100M 的空间来存放 Windows 7 的启动引导文件，出现如图 3-14 的提示，点击"确定"。

图 3-14　自动生成提示

(11)创建好 C 盘后的磁盘状态,这时会看到,除了创建的 C 盘和一个未划分的空间,还有一个 100M 的空间。如图 3-15 所示。

图 3-15　创建主分区

(12)与上面创建方法一样,将剩余空间创建好。如图 3-16 所示。

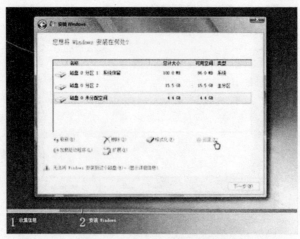

图 3-16　其他磁盘分区的创建

(13)选择要安装系统的分区,点击"下一步"。如图 3-17 所示。

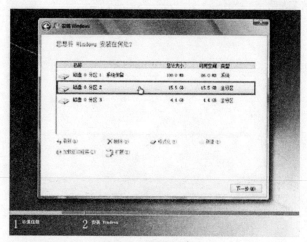

图 3-17　选择安装分区

(14)系统开始自动安装系统。如图 3-18 所示。

图 3-18　开始安装

段

段
段
段

农民网上新生活

（15）完成"安装更新"后，会自动重启。如图 3-19 所示。

图 3-19　自动重启提示

（16）出现 Windows 的启动界面。如图 3-20 所示。

图 3-20　启动界面

116

(17)安装程序会自动继续进行安装。此处,安装程序会再次重启并对主机进行一些检测,这些过程完全自动运行。完成检测后,会进入用户名设置界面,输入一个用户名。如图 3-21 所示。

图 3-21　输入用户名

　　(18)设置密码。需要注意的是,如果设置密码,那么密码提示也必须设置。如果觉得麻烦,也可以不设置密码,直接点击"下一步",进入系统后再到控制面板的用户账户中设置密码。如图 3-22 所示。

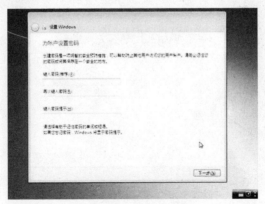

图 3-22　设置密码

（19）设置时间和日期，点击"下一步"。如图 3-23 所示。

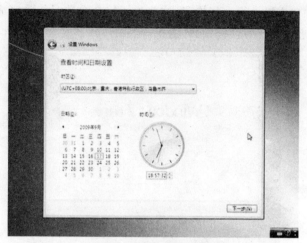

图 3-23　设置日期和时间

（20）系统完成设置，并启动。如图 3-24 所示。

图 3-24　系统启动

（21）如果在密码设置界面设置了密码，此时会弹出登录界面，输入刚才设置的密码后点击确定。如图3-25所示。

图3-25 用户密码输入

（22）进入桌面环境，安装完成。

第四节 计算机常见故障和排除

计算机使用时间久了，总会出现这样或那样的故障。如果经常叫维修人员来上门服务的话，一是费用比较高，二是时间比较长。如果我们自己能学会一些常见故障的判断和排除方法，就可以解决很多问题。下面列举一些常见计算机故障及其解决方法。

1. 消除机箱内的风扇噪声

计算机机箱内的风扇噪声特别大，用什么办法可以消除风扇的噪声？

解决方法：风扇发出噪声，大多是由于使用时间长，而且没有给风扇加过润滑油，使得风扇轴承干涸造成的。这时可以通过给风扇的轴承加点润滑油来解决。

首先将风扇取下,将扇叶上的灰尘清除干净,避免在安装过程中再有灰尘进入轴承内;将风扇正面的不干胶商标撕下,就会露出风扇的轴承,如果风扇的轴承外部有卡销或盖子,也应将其取下。然后在风扇的轴承上滴几滴优质润滑油,再将风扇重新固定在散热片上,并安装到 CPU 上,再启动计算机,就会听到 CPU 风扇的噪声明显减小了。

2.CPU 风扇工作不正常导致死机

计算机买了两年多了,但最近半年来,经常会出现不定时死机现象,先是在运行大程序或打游戏时死机,后来发展到只要进行一点点操作就会死机。现在发现风扇转动有些不大正常,时快时慢,不知是否与它有关?

解决方法:这种问题是由于 CPU 风扇转速降低或不稳定所造成的。大部分 CPU 风扇会在滚珠与轴承之间使用润滑油,随着润滑油的老化,润滑效果就会越来越差,导致滚珠与轴承之间的摩擦力变大,从而导致风扇转动时而正常,时而非常缓慢。转动缓慢时,CPU 就会因散热不足而自动停机,这就是用户所说的不定时死机。解决的方法是更换质量较好的风扇,或卸下原来的风扇并拆开,将里面已经老化的润滑油擦除,然后再加上新的润滑油即可。

3.通过自检鸣叫声判断故障

计算机有时在开机自检时会发出不同的鸣叫声,请问如何通过计算机开机自检时的鸣叫声来判断计算机故障?

解决方法:如果计算机的硬件发生故障,在自检时往往会有报警声或在显示屏幕上显示错误信息。通过计算机启动时的报警声就可以判断出大部分硬件的故障所在,特别简单。

4.开机时显示器无显示

计算机本来使用得好好的,但突然有一天开机后各指示灯亮,显示器却无显示,请问这可能是什么原因造成的?

解决方法:计算机开机无显示,需先检查各硬件设备的数据线及电源线是否均已连接好,尤其是显示器和显卡等,如果这些设备未连接好或插槽损坏等,就会导致没有响应,且容易造成开机时无显示。

5.显示器黑屏

开机后主机面板指示灯亮,机内风扇正常旋转,能听到硬盘转动声、自检内存发出的"咔嗒嗒……"声和 PC 喇叭的报警声,可看到启动时键盘右上角 3 个指示灯闪亮,但显示器黑屏,应该如何解决?

解决方法:出现这种现象说明主机电源供电基本正常,主板的大部分电路没有故障,内存可以正常读写,BIOS 故障诊断程序开始运行,且能够通过 PC 喇叭发出报警信号。所以,故障的根源在于显示器、显示卡、主板和电源等硬件。

由于不同版本的 BIOS 声音信号编码方式不同,下面以 A-WARD BIOS 为例,介绍一些检查处理的方法。

如果听到的是"嘟嘟嘟……"的连续短声,说明机箱内有轻微短路现象,此时应立即关机,打开机箱,逐一拔去主机内的接口卡和其他设备电源线、信号线,通电试机。如果在拔除某设备时系统恢复正常,那就是该设备损坏或安装不当导致的短路故障。如果只保留连接主板电源线通电试机,听到的仍是"嘟嘟嘟……"的连续短声,故障原因可能有 3 种:一是主板与机箱短路,可取下主板通电检查;二是电源过载能力差,可更换电源试试;三是主板有短路故障,可将主板拿到计算机维修处进行维修。

在插拔设备之前一定要注意,必须先关闭电源,否则可能会因带电插拔而损坏硬件。

6.内存接触不良导致无法开机

计算机机箱内灰尘太多,于是拆开机箱进行打扫。可当打扫完装好机箱后再启动计算机时,计算机发出"嘀嘀嘀……"的连续鸣叫声,并且不能启动,这是怎么回事?

解决方法:计算机启动时发出"嘀嘀嘀……"的连续鸣叫声并且不能启动,是内存条与插槽接触不良,或内存条损坏出现的问题。由于是在打扫机箱后出现,所以肯定是在打扫的时候由于插拔内存条导致内存条与主板插槽接触不良造成的。这种故障解决起来比较简单,只要打开机箱,将内存条拔下,重新插好、插紧,再启动时故障就应该能解决了。

7.开机时提示找不到系统

计算机在开机时屏幕上出现提示:"Operating System not found",意思是找不到系统,请问这是为什么?

解决方法:出现这种现象,可能有以下几种原因:

(1)系统检测不到硬盘。由于硬盘的数据线或电源线连接有误,所以计算机找不到硬盘。此时可在开机自检画面中查看计算机是否能够检测到硬盘,如果不能检测到,可在机箱中查看硬盘的数据线、电源线是否连接好,硬盘的主从盘设置是否有误等,并正确连接好硬盘。

(2)硬盘还未分区,或虽已分区但分区还未被激活。如果计算机能检测到硬盘,则说明硬盘可能是一块新硬盘,还未被分区;或虽然已经分区但分区未被激活。这时可用 Fdisk 等工具查看硬盘信息,并给硬盘正确分区,激活主分区。

(3)如果计算机中安装有两块硬盘,则可能是系统硬盘被设成从盘,而非系统盘却被设成了主盘。若是这种情况,需要重新设置双硬盘的主从位置、跳线或 BIOS 等。

(4)硬盘分区表被破坏。如果硬盘因病毒或意外情况导致硬盘分区表损坏,就会使计算机无法从硬盘中启动而出现这种问题。此时可以使用备份的分区进行恢复,也可以使用 Fdisk /mbr 或分区魔术师等软件修复分区表。

8. 硬盘工作时有异响

硬盘在开机时出现一种"咣咣"撞墙似的声音,有时是在硬盘使用一段时间后出现,这是什么原因?

解决方法:如果硬盘出现这种"咣咣"的声音,一般是因为硬盘磁臂在移动时动作过大,定位异常,造成与外壳碰撞而发出的异响,或者硬盘的磁臂或磁头出现硬件损坏造成的,如磁臂断裂、磁头脱落或变形错位后,与硬盘的盘面接触产生尖叫的异常响声。出现这种情况多数都证明硬盘只能报废了,没有修理价值。但如果硬盘上有重要数据,最好找非常专业的数据恢复公司,使用特殊的设备来把数据读出来。

9. 整理磁盘碎片时经常重复

在给硬盘整理碎片的时候,经常会在整理到 1%或 10%后又从头开始整理,这是为什么? 怎么解决?

解决方法:出现这种情况可能是因为在运行磁盘碎片整理程序的时候,受到其他后台运行程序或驻留内存程序的影响,导致磁盘碎片整理程序中断。为了提高碎片整理的效率,需要注意以下几点:

(1)关闭不用的内存驻留程序。在整理碎片时,要关闭不用的内存驻留程序或后台运行程序,如病毒防火墙、计划任务、屏幕保护程序等,因为这些程序会不断地读写硬盘,从而影响碎片整理程序。最好让内存保持在一个相对比较"干净"的状态下进行整理。

(2)在计算机空闲的时候整理。因为整理磁盘碎片需要有一个相对稳定的环境,也就是说,在整理碎片时最好不要读写磁盘,否则就可能会因为磁盘存储情况发生变化而重新整理,影响磁盘碎片整理的速度。而且整理磁盘需要的时间很长,可能要几个小时,所以最好是在计算机空闲的时候,如晚上或平时不使用计算机的时候再整理。

(3)保证分区至少有15%的剩余空间。如果要整理的磁盘分区可用空间少于15%,就可能无法完成操作,需要删除或移动一些文件以释放空间。

最后,为了最大限度地提高磁盘碎片整理的效率,建议在安全模式下进行整理。因为在安全模式下只会加载最少的运行程序,这时整理才是最安全、最稳定的。

10.声卡无声

为什么在使用播放器播放音乐或电影文件时,音箱或耳机发不出声音?

解决方法:在播放时音箱发不出声音,可按下面步骤逐个检查:

首先检查音箱或耳机的接线是否插好,电源有没有打开,调节音箱或耳机的音量控制按钮,看能否出现声音。

如果仍没有出现声音,用鼠标单击屏幕右下角任务托盘中的声音小图标(小喇叭),弹出"音量"调节滑块,看看"静音"复选框是否被选中,若被选中就需取消选中该复选框,然后向上拖动滑块调大音量,即可正常发音。

若仍没有声音,就要检查声卡的驱动程序有没有安装好。打开"设备管理器",查看"声音、视频和游戏控制器"列表中是否有黄色的惊叹号,如果有,就说明声卡驱动没有安装好,此时正确安装声卡驱动即可。

如果计算机中安装的是独立声卡,还要打开机箱,看看声卡是否松动,若声卡没有插好,则需把它插紧。

11. 消除光驱噪声

当将光盘插入光驱以后,读盘声音很大,或光驱在读盘的时候,也会发出很大的噪声。不过也有些光盘在放入光驱后噪声会小一点,请问这是什么原因? 怎样才能消除光驱的噪声呢?

解决方法:因为当光盘放入光驱以后,光驱会自动运行,所以有读盘的声音;而光驱读盘的时候噪声比较大,主要是光驱高速运转带来的。不同厂商降噪设计也有所不同;如果光驱使用的时间比较长,光驱内的零部件可能松动,在读盘时也会发出很大的噪声;在读不同的光盘时噪声大小也不一样,是由于光盘质量不同造成的,如果使用盗版光盘或劣质光盘,光盘表面不均匀,光盘厚度太薄或太厚,都有可能导致光驱产生震动与噪声。劣质光盘还会加速光驱的损坏,所以平时尽量不要使用盗版光盘或劣质光盘。另外,由于光驱的噪声是由光驱内部机件物理运动产生的,所以噪声的大小在一定程度上也体现了光驱的质量好坏。

12. 键盘进水导致按键失效

使用计算机时不小心将一杯水洒进了键盘里面,造成几个按键不能正常使用。请问这种情况该如何处理?

解决方法:键盘进水其实并不难处理,在进水后要马上关闭计算机,并将键盘从机箱上拔下来,以免造成键盘短路或损坏计算机。然后卸下键盘,先倒过来将里面的水倒出,再用螺丝刀等拆开键盘背板,仔细擦拭干净键盘内及键帽上的水,再小心打开键盘底座,可以看到键盘的塑料电路板。这时检查哪些地方有水,就用脱脂棉仔细擦拭。不过一定要注意,键盘的电路板是 3 层薄薄的塑料片,擦拭时千万要小心,不能用坚硬的东西去碰,也不要使劲擦电路部分,否则会损坏电路。当擦拭完以后,不要急着把键盘安装好,因为此时电路板仍然是潮湿的,而应使用吹风机或风扇等将它吹干,或在太阳底下晾干再放置一段时间使水分完全蒸发掉,再重新把键盘插到主机接口上,开机后键盘就应该可以正常使用了。

在这里要提醒大家,无论键盘、鼠标,还是显示器、主机,一定要注意防水防潮。但如果键盘在保修期内,建议最好送到维修部门,以免自己不慎损坏。另外,对于较为粗心的朋友,建议选择防水的键盘,一旦进水晾干即可使用。

13.按键卡住导致连续鸣叫声

计算机一直使用正常,但有时在启动到 Windows 登录画面时,计算机突然发出"嘀嘀嘀……"的连续鸣叫声,而这时显示画面好像没什么反应,慌乱之下乱拍键盘,响声又消失了,在 Windows 中检查也没发现什么故障,请问这是什么原因?

解决方法:在 Windows 登录画面出现这种连续的鸣叫声,最可能的原因是键盘上的回车键被卡住而弹不出来,导致系统登录时确认空密码,但由于密码不正确而又不能登录,因此就会发出这种声音。而当拍键盘时,使回车键弹起,于是鸣叫声就消失了。

如果再次出现这种情况,不要慌乱,只要使卡住的回车键弹起来即可。如果回车键因长时间使用而不能弹起,就要想办法进行修理。

14.启动系统后提示找不到鼠标

鼠标一直使用正常,但有一次启动到 Windows 后却提示找不到鼠标,请问这是什么原因?

解决方法:在开机时找不到鼠标,一般有以下几种情况:

(1)鼠标彻底损坏,需要更换新鼠标。

(2)鼠标与主机接口,如 USB 接口或 PS/2 接口接触不良,这时只要将接头插好,重新启动即可。

15.机箱上带有静电

发现机箱外壳有漏电现象,用手碰到金属外壳就会有放电现象,手会被电得麻一下,但放电之后再摸机箱就没事了,这是什么原因?

解决方法:其实大多数机箱都有漏电现象,这是正常的,不过每个机箱的漏电情况都不相同。如果机箱漏电比较轻微,可以不用管它,但如果漏电比较严重,就有可能会使机箱内的硬件配件损坏,这就必须解决了。

首先要检查是否电源质量不合格,若电源质量较差最好更换一个新的电源。另外,解决漏电现象只需使机箱接地即可。可以用一根电线,一头接在机箱上,另一头连接地面即可,使机箱与地面形成回路便可释放掉漏电流。

16. 机箱内发出异味

闻到机箱内发出很刺鼻的焦煳味,这是什么原因?

解决方法:如果机箱出现异味,要千万小心,这可能是机箱内有些配件因电流过大而被烧焦或被烧坏。此时千万不能大意,一定要找出问题所在,否则可能会造成计算机损坏。首先断开电源,打开机箱,找到发出异味的部件,卸下交给专业维修部门处理,如果没过质保期,可以更换或维修。另外,千万不要打开显示器,由于它带有高压电,只能交由专业人员维修。